2021年度河南省重点研发与推广专项(科技攻关)(212102210010)资助
中国博士后科学基金资助项目(2020M682343)资助
中原青年博士后创新人才项目(ZYYCYU202012182)资助
国家自然科学基金项目(52107215)资助

开关磁阻电机系统可靠性问题研究

徐　帅　著

中国矿业大学出版社

·徐州·

内 容 简 介

本书在简要介绍电力电子系统和开关磁阻电机系统可靠性的研究背景、意义与现状的基础上,对 SRM 系统可靠性的定量评估、从快速故障诊断及修正策略选取角度定量提高 SRM 系统的可靠性、从功率变换器拓扑角度定量提高 SRM 系统的可靠性等内容进行了全面阐述与验证,并分析了不同相电流检测方法下 SRM 系统的可靠性。

本书可供电气工程学科高年级本科生和研究生使用,亦可供从事相关工作的研究人员和技术人员参考。

图书在版编目(C I P)数据

开关磁阻电机系统可靠性问题研究/徐帅著. —徐州:中国矿业大学出版社,2022.3
ISBN 978 - 7 - 5646 - 5328 - 6

Ⅰ. ①开… Ⅱ. ①徐… Ⅲ. ①开关磁阻电动机—可靠性估计 Ⅳ. ①TM352

中国版本图书馆 CIP 数据核字(2022)第 048321 号

书　　名	开关磁阻电机系统可靠性问题研究
著　　者	徐　帅
责任编辑	何　戈
出版发行	中国矿业大学出版社有限责任公司
	(江苏省徐州市解放南路　邮编 221008)
营销热线	(0516)83884103　83885105
出版服务	(0516)83995789　83884920
网　　址	http://www.cumtp.com　**E-mail**:cumtpvip@cumtp.com
印　　刷	徐州中矿大印发科技有限公司
开　　本	787 mm×1092 mm　1/16　**印张** 13.25　**字数** 248 千字
版次印次	2022 年 3 月第 1 版　2022 年 3 月第 1 次印刷
定　　价	48.00 元

(图书出现印装质量问题,本社负责调换)

前　言

开关磁阻电机（switched reluctance machine，SRM）以其结构简单、可控性高和容错能力强等优良特性在高可靠性要求的场合受到了广泛的关注，但是作为系统运行必需环节的功率变换器和检测环节，如果具有较高的故障率，则会影响系统的安全可靠运行。可靠性评估能够定量判定可靠性提高方法的应用效果，为实现最优系统级可靠性的提高奠定基础。因此，本书针对 SRM 系统的可靠性问题进行了以下研究。

（1）进行了 SRM 系统可靠性的定量评估。在器件级可靠性评估方面，建立了常用不对称半桥功率变换器的三维热路模型，实现了不同控制策略下功率半导体器件的结温预计和元器件的失效率计算。在系统级可靠性方面，提出了基于 $k\text{-out-of-}n\text{:G}$ 模型和 Markov（马尔可夫）模型的系统级可靠性评估模型，实现了静态和动态的可靠性评估。为了定量提高系统的可靠性，进行了不同控制参数、控制策略和冗余策略下 SRM 系统的可靠性分析，从可靠性角度定向选取了控制参数和控制策略，确定了最优的冗余等级。同时搭建了硬件实验平台，设计了热应力和容错能力实验，间接验证了可靠性评估和分析的有效性。研究结果表明，所提出的系统级可靠性评估方法能够实现 SRM 系统快速和精确的可靠性评估，同时具有良好的普适性。

（2）研究了 SRM 系统检测环节的可靠性。在总结现有电流检测方法存在的不足及可能出现的可靠性问题的基础上，提出了一种基于两个传感器的多相电流检测方法。同时给出了适用于整个相电流周期的解耦策略,缩小了脉冲注入区域,获取了完整的相电流信息。通过建立反映不同电流检测方法影响的 SRM 系统级可靠性模型,结合功率变换器的损耗和热应力分布的变化,实现了不同相电流检测方法下 SRM 系统静态和动态可靠度的定量计算。仿真和实验结果表明,单纯地减少电流传感器的数目并不意味着系统可靠性的提高,同时所提方法在提高 SRM 系统可靠性的同时不会带来系统其他控制性能的降低。

(3) 研究了 SRM 系统功率变换器的可靠性。通过分析不对称半桥功率变换器中开关管故障前后电流路径的变化情况,获取了开关管驱动信号与对应桥臂中点电压的关系,提出了采用驱动信号和中点电压特征在故障前后的不一致性作为诊断特征量。同时设计了低成本的故障诊断电路,规避了采样过程,实现了微秒级的故障诊断。通过建立能够反映修正策略影响的系统级可靠性评估模型,获得了可靠性最优的修正策略,使可靠性提高幅度达到 28% 以上。实验结果表明,所提方法能够实现不同控制策略、多级故障和多种拓扑下功率变换器开关管的故障诊断,同时验证了修正策略可靠性定向选取的必要性。

(4) 研究了 SRM 系统高可靠性功率变换器的设计方法。为了降低系统的成本,提出了一种新型集成化功率变换器拓扑,给出了基本的运行模式,验证了所提变换器良好的可控性。针对开关管是不对称半桥变换器中的薄弱环节,提出了一种基于串联导通的新型控制策略,降低了开关管的电热应力。为了减小开关管故障后 SRM 系统的转速和转矩脉动,分别提出了针对下管和上管故障的容错策略。通过设定宽松和严厉两种失效判别标准,对比了所提出的变换器和传统不对称半桥变换器的系统级可靠性,增强了可靠性评估的可信度。仿真和实验结果表明,所提变换器具有良好的可控性,同时不会带来热应力的增强和容错能力的降低,从而证明了所提变换器具有更高的静态和动态可靠性。

(5) 进行了 SRM 系统可靠性研究的应用展望,归纳了可靠性研究的难点。

本书由郑州大学徐帅独立撰写,在撰写过程中,引用了国内外许多专家、学者的著作、论文等文献,在此表示衷心的感谢!

著　者

2021 年 12 月

目　　录

1 绪 论

1.1 电力电子系统可靠性研究背景与意义

随着社会经济的快速发展和人口的日益增长,能源消耗急剧加快,人类面临越来越大的能源危机,进而使如何拓宽能源生产渠道及高效可靠地利用能源受到了当今社会越来越多的关注[1-3]。从 20 世纪 70 年代末开始,日本政府陆续制定了《节约能源法》《新能源特别措施法》和电动车发展规划,促进了能源的高质量开发和利用。美国政府在 2010 年至 2019 年间投入了将近 1 500 亿美元的资金用于发展新能源及电动汽车相关技术。在 2014 年德国政府新制定的相关法规中,也将发展新能源技术作为实现 2020 年减少 40% 碳排放量的重要手段。而我国早在 2006 年"十一五"规划制定时就将节能减排纳入其中,同时在"十二五"规划"推动能源生产和利用方式变革"及"加强资源节约和管理"等章节中也明确强调了发展新能源的重要性,在 2016 年颁布的"十三五"规划中更是多次提到了创新发展新能源。近年来,在上述政策的激励下,我国在新能源发电和新能源汽车领域均取得了巨大的发展。在 2018 年,全球新增风电装机 53.9 GW,其中我国新装机总量占比接近 1/2,达到 25.9 GW;全球新增并网光伏发电装机容量达到 94.3 GW,其中我国新增装机总量约 45 GW。同时,海洋中蕴含的巨大能量,包括波浪能、潮汐能、海流能和温差能等,也在挪威、巴西、美国、日本和中国等国家受到了广泛的关注和初始的开发利用。而根据乘用车市场信息联席会发布的消息,2019 年 6 月我国新能源汽车批发销量达到 13.4 万台,环比增长 38.7%。

在新能源生产和利用的开发过程中,电机系统在风能发电、波浪能发电和新能源汽车等领域扮演着重要的角色,是新能源与电能及电能与机械能之间转化的重要执行环节。常用的电机系统包括直流电机系统、异步电机系统、永磁电机系统和开关磁阻电机系统[4]。直流电机系统控制方便简单,但是换向器的存在降低了电机结构的稳定性和系统的可靠性。异步电机系统拥有矢量控制和直接转矩控制等成熟的控制算法,运行性能能够媲美直流电机,但是启动和过载能力一般。永磁电机在功率密度和运行效率方面具有无可比拟的优势,但是永磁材料高温易退磁,同时稀土材料价格的提高也会增加永磁电机的制造成本。考虑到 SRM 坚固的结构、可与异步电机媲美的效率、不需要稀土材料的特性和良好的缺相运行能力,SRM 系统已经成为风能发电、波浪能发电和新能源汽车等领域驱动电机的一个重要选择[5-12]。

Barros 等[5]设计了一个 2 kW 的 SRM 风力发电机系统,并提出两种有效的直接能量控制策略,拓宽了系统高性能运行范围。Faradjizadeh 等[6]提出了累加电容功率变换器,旨在提高 SRM 在高速运行时的发电效率。国际 SRM 知名研究学者美国北卡罗来纳州立大学 Isal Husain(伊萨尔·侯赛因)教授团队探索了主动电流控制和开通角及关断角调节策略,实现了系统发电效率的优化[7-8]。日本东京工业大学 Akira Chiba(千叶明)教授团队设计了用于新能源汽车功率等级为 60 kW 的 SRM,并与 2009 年生产的丰田普锐斯用的相同外径和轴长的内置式永磁同步电机进行了性能对比,结果表明在高速时(5 400～13 900 r/min)SRM 能够明显增加系统的输出功率[9-10]。为了提高电机出力和降低转矩脉动,美国德州大学艾灵顿分校的 Babak Fahimi(巴巴克·法希米)教授团队提出了双定子 SRM 系统的电磁理论和设计方法,同时成功设计了用于重型混合动力汽车的 100 kW 的双定子 SRM 系统[11-12]。一些国外专家也将 SRM 系统应用到了多电风机、水泵、电梯等领域[13-17]。

国内的南京航空航天大学、浙江大学、西南交通大学、西安交通大学、西北工业大学和中国矿业大学积极进行了 SRM 系统的理论分析与应用研究,主要包括 SRM 本体设计、无位置传感器控制、波浪能采集、功率变换器设计和永磁辅助型 SRM 设计与控制等[18-25]。

虽然 SRM 系统的理论研究和工业应用取得了一定的进展,但是其运行过程中存在的可靠性问题会严重阻碍其应用范围的进一步推广,主要包括:

(1)虽然 SRM 系统强大的缺相能力使其具有良好的可靠性,但是不同控制参数和策略对系统的可靠性有极大程度的影响,而由于系统级可靠性评估模型的缺乏,从而无法通过控制参数和策略的优化进一步提高系统的可靠性。

(2)SRM 独特的双凸极结构和导通换相原则决定了其运行必须依赖功率变换器,而功率变换器的特殊结构使其需要较多的功率器件,同时需要承受高额的开关频率和不平衡的电热应力,从而使其具有较高的故障率,而现有的研究缺少对功率变换器的可靠性定向评估,从而无法实施有针对性的策略降低其故障率,进而无法实现可靠性的提高。

(3)虽然现有故障后的修正策略能够增强系统运行的安全性和可靠性,但是还没有能够定量评估修正策略对 SRM 系统可靠性的提高效果的方法,进而无法从可靠性角度选取最优的修正策略。

(4) 虽然现有的传感器优化控制方法能够减少使用传感器的数目,但是在这些方法的实施过程中往往会带来开关频率的上升或所需检测信息的增加,同样可能增加元器件的数目和电热应力,进而降低系统可靠性。

另外,如何综合评价元器件数目、热应力和容错能力对系统级可靠性的影响,也是一个迫切需要解决的问题。

为了解决上述问题,有必要探索定量的可靠性评估和提高方法,实现 SRM 系统综合运行性能的提升。

可靠性的研究起源于第二次世界大战期间,当时美国军用电子产品的可靠性不高成为一个很突出的问题,例如雷达发生故障而不能工作的时间达到期望工作时间的 84% 以上,轰炸机上电子设备的平均无故障时间只有 20 h 等[15-16]。为了保证军用电子设备长时间无故障运行,美军着重进行了电子设备中电子管的可靠性研究,显著地提高了军用产品的无故障工作时间。但是由于当时对可靠性的关注度不够,可靠性的发展处于相对缓慢的阶段。直到 1957 年,美国国防部成立了"国防部电子设备可靠性顾问团"(advisory group on reliability of electronic equipment),简称"AGREE"。该部门着重研究了如何从技术角度提高电子设备的可靠性,并发表了著名的军用电子可靠性报告,提出了在研发及生产阶段与产品可靠性相关的试验、评价及鉴定方法,极大地促进了可靠性的发展,使可靠性成为工程领域的研究热点。1958 年,以贝尔实验室主任丹尼尔为首的元器件可靠性管理委员会,制定和公布了各种电子元器件的可靠性军用标准,使电子元器件可靠性水平进一步提升。

20 世纪 60 年代之后,随着电子设备的复杂度增加,单纯地通过现场数据的监测及生产环节的管理把关已经无法使电子产品的可靠度达到工业应用产品的要求。此时以美国罗姆空军研究中心为代表的故障物理学研究机构,从分析产品内部的内在本质缺陷入手,探索提高可靠性的根本途径,逐渐产生了以 Coffin-Manson 模型为代表的寿命计算模型,极大地完善了可靠性工程的发展体系。

20 世纪 70 年代之后,欧美国家将可靠性研究应用到化工、机械、汽车和电气领域[17-18]。在此之后,可靠性的研究取得了重大进展,以 MIL-HDBK-217F 和 FIDES 为代表的可靠性预计手册成了可靠性分析的必要手段,使系统的可靠性研究进入了精确定量分析的阶段。进入 20 世纪 90 年代之后,欧美国家着重探索了以冗余和容错技术为代表的可靠性提高方法,分析了可靠性的提高机理,从而使可靠性成为科研领域的研究热点[19-20]。

亚洲国家引入可靠性研究最早的是日本。1958 年,日本科技联盟成立了可靠性研究协会,主要探索了故障模式影响分析和可靠性评估等技术,促进了其生产的汽车、工程机械、发电设备、彩电、照相机等产品畅销全球,取得了巨大的经济效益。我国的可靠性研究起步较晚,始于 20 世纪 60 年代中期,在国防领域率先取得发展。当时钱学森主持国防科工委系统的可靠性会议,总结了可靠性的发展经验——"产品的可靠性是设计出来的、生产出来的和管理出来的"[21]。以此为指导原则,我国的可靠性工程进入了高速发展阶段,并制定了以《电子设备可靠性预计手册》(GJB/Z 299C—2006)为代表的多种可靠性标准。进入 21 世纪后,我国的可靠性研究紧跟国际前沿,已经在航空、航天、机械、电力系统、采矿、煤层气开采、信息领域和医学设备领域取得广泛的应用[4,22]。同时以工业和信息化部电子第五研究所为代表的可靠性研究机构出版了多种可靠性技术系列丛书,极大程度促进了可靠性在工程领域的应用。

本书将可靠性工程引入 SRM 系统的研究,为系统综合运行性能的增强提供新的解决思路。

首先,SRM 系统的可靠性研究能够有效降低系统的设计和运行成本。在 SRM 系统设计初期,选择有效的可靠性模型进行可靠性预计,有助于合理进行可靠性分配,能够改善器件选型,做到有的放矢,节省经费。而在 SRM 系统的运行过程中,进行实时的可靠性分析,能够预测系统中关键环节潜在的故障隐患,从而能够及时采取有效措施排除隐患,防止故障的传播,避免造成更大的经济损失。同时,SRM 系统精确的可靠性评估能够减少维修和保养次数,进而降低维护成本。

其次,SRM 系统可靠性研究能够提高系统安全运行的能力。可靠性研究能够实时预测元器件或系统寿命,进而确定对应的薄弱环节,便于及时通知操作人员提前采取保护措施,尤其是在煤矿井下等恶劣环境下,可以及时撤离工作人员,避免重大人身安全事故的发生。

最后,SRM 系统的可靠性研究能够更有效地加速可靠性增长,保证系统的高可靠性运行。现有 SRM 系统的研究中,提出了大量的可靠性提高方法,包括新型 SRM 结构、故障诊断与容错策略、使用元器件数目更少的功率变换器、容错能力增强的功率变换器、无位置传感器控制方法和电流传感器优化控制方法等[5-25]。但是上述方法仅是定性地说明了 SRM 系统的可靠性获得了提高,而无法确定可靠性的提高幅度及最有效的提高措施。

综上所述,为了提高系统的可靠性,本书从 SRM 系统级可靠性评估入手,提出了一种新型的系统级可靠性评估模型,分析了控制参数和策略对可靠性的影响趋势,并且确定了系统的薄弱环节。然后从三个方面探索了 SRM 系统级可靠性提高方法及其对可靠性的提高机理,包括基于快速故障诊断和修正策略选取相结合的可靠性提高方法、高可靠性功率变换器拓扑设计以及不同电流检测方法的可靠性定向选择,最终实现了 SRM 系统综合运行性能的提升。

1.2 电力电子系统可靠性研究现状

1957 年,美国通用电气公司发明了世界上第一款 PNPN 四层半导体晶闸管,并在 1958 年实现了工业应用。在此之后,金属氧化物半导体场效应晶体管(metal-oxide-semiconductor field-effect transistor,MOSFET)和绝缘栅双极型晶体管(insulated gate bipolar transistor,IGBT)的出现极大程度促进了电机系统、电力传输、电能变换和新能源发电系统的发展[26-30]。近年来,基于碳化硅和氮化镓的新型宽禁带半导体器件的出现进一步提高了系统的运行效率和控制性能。随着上述功率器件的快速发展,电机系统已经成为典型的电力电子系统。对于直流电机来说,高性能功率器件能够将低可靠性的机械换相转化为电子换相,以此为基础的无刷电机系统已经在航空航天、电动汽车和伺服领域得到了广泛的应用。对于感应电机系统来说,矢量控制和直接转矩控制的扇区选择与转换必须依赖全桥功率变换器中功率器件的有序开通与关断实现。而永磁电机系统运行过程中的换相和磁场调制控制策略的实施也需要依赖功率变换器的正常工作。相比于其他电机系统来说,SRM 系统更是一种典型的电力电子系统。1842 年,苏格兰学者 Robert Davidson(罗伯特·戴维森)已经发明了两个 U 形磁铁和机械开关组成的 SRM 原型机,而直到 1983 年英国 TASCDRIVE 公司才成功生产了第一台晶闸管驱动的商用 SRM 系统,造成这一阶段 SRM 系统发展缓慢的原因正是机械开关的低速度和低可靠性。近年来,电力电子系统可靠性的发展已经取得了一定的进展,出现了多种有效的可靠性评估模型及提高方法,本节主要从器件级可靠性评估模型、系统级可靠性评估模型和可靠性提高方法三个方面总结电力电子系统可靠性的研究现状。

1.2.1 器件级可靠性评估模型

器件失效的原因可以从器件强度分布和所受应力分布的变化情况来进行解释,如图 1-1 所示。其中 DS_0 为初始条件下器件的强度分布,DS_1 和 DS_2 为运行过程中器件性能退化后的强度分布,MP_1 和 MP_2 为所受应力的分布。依据热力学第二定律,独立系统的熵会随时间逐渐增加,即任何器件在工作的过程中会不断退化,使器件的强度从 DS_0 逐渐降低为 DS_1 和 DS_2。此时随着应力分布的变化,会使器件所受应力大于器件强度,进而可能触发失效。现有的器件级模型的建模原理均是从反映器件失效原因入手,定量反映器件强度退化和外部应力变化之间的关系,进而得到反映器件可靠性的指标,包括累积损伤、寿命、累积失效概率和失效率等[31-33]。

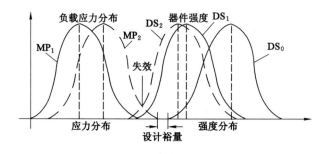

图 1-1　器件失效原因分析[29]

表 1-1 总结了电力电子系统常用元器件失效的主要原因。其中,过热、热分布不均衡、振动、高压击穿、过流、动态闭锁和二次击穿是由于外部应力强度过大造成的失效,而键合线脱落、焊锡层退化和绝缘老化则是由于元器件强度退化造成的失效。为了有效刻画造成器件失效原因对器件级可靠性的影响,出现了两种常用的器件级可靠性模型:失效物理模型和应力计算模型。

表 1-1　元器件失效的主要原因

元器件	主要的电气故障类型	主要的失效原因
电机本体	匝间短路、相间短路、绕组开路、相对地短路、永磁体退磁	过热、热分布不均衡、绝缘老化、频率过高的振动
半导体器件	开路、短路和参数漂移	驱动电路故障、键合线脱落、高压击穿、过流、动态闭锁、二次击穿、过热、材料强度退化
电容	开路、短路和参数漂移	高压击穿、过流、材料强度退化
传感器	开路、短路、输出为零、输出为常数、输出增益	电应力过大、过热、老化

(1) 失效物理模型

对于电机本体来说,通常以绕组的寿命反映电机本体的寿命[27-30,34]。而绕组结构简单,仅由铜线和绝缘层构成,因此运行过程中的绝缘退化是其失效的主要原因,进而可以通过绝缘退化率来反映绕组剩余寿命的变化。依据 Arrhenius 方程,绕组的绝缘寿命(L_w)如式(1-1)所示[27-29]。

$$L_w = A \cdot e^{\frac{B}{T_w}} \qquad (1\text{-}1)$$

式中,A 和 B 均为常数;T_w 为绕组稳态运行时的温度。

　　文献[27]表明 T_w 每升高 10 ℃,L_w 会下降一半。上述模型已经被广泛应用于电机本体寿命的定量计算。文献[30]分析了异步电机系统中导致电机失效的原因,并定量计算得到 A 和 B 的值。文献[34]分析了永磁电机的剩余寿命,为高可靠性永磁电机的结构设计奠定了基础。

　　与电机绕组不同,功率半导体器件具有复杂的结构,由多种材料组成,如图 1-2 所示。在电热应力的作用下,不同材料会产生不同形变,进而会着重破坏不同材料之间的连接环节,导致功率器件易发生焊锡层退化和键合线脱落等故障。现有功率半导体寿命的预计依赖于其能够承受的功率循环次数。由文献[35]可知,随着平均结点温度(T_m)和结点温度波动(ΔT_j)的增大,半导体器件能够承受的功率循环次数逐渐减小。为了刻画 T_m 和 ΔT_j 对器件级可靠性的影响,文献[36]总结了现有功率半导体的寿命预测模型,其中 Coffin-Manson 模型是最常用的模型,如式(1-2)所示。

$$N_f = A \cdot \Delta T_j^{\alpha} \cdot e^{\frac{E_a}{K_B + T_m}} \qquad (1\text{-}2)$$

式中,N_f 为能够承受的功率循环次数;A 和 α 为常数;K_B 为玻尔兹曼常数;E_a 为激活能,大小为 $9.89e^{-20}$ J。

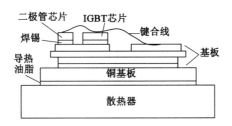

图 1-2　典型功率半导体器件组成结构

　　得到 N_f 之后,依据 Miner 线性损伤累积理论,可以计算得到不同负载应力下,功率半导体器件的线性损伤累积(linear damage accumulation,LDA),如式(1-3)所示[37]。

$$LDA = \sum_{i=1}^{K} \frac{N_i}{N_{fi}} \qquad (1\text{-}3)$$

式中,N_i 和 N_{fi} 分别为在第 i 个应力下进行的和能够承受的功率循环次数;K 为总的应力测试次数。

当采用式(1-3)计算半导体器件寿命时,可以设置 LDA 等于 1,此时可推导得到 N_i,然后将其与功率循环周期相乘即可以得到对应功率器件的寿命。同时也可以将 LDA 设置为 10%,此时可以计算得到器件级可靠性的重要指标 B10 寿命。文献[38]采用 Miner 线性损伤理论预测了一个 600 V 和 30 A 的 IGBT 模块的寿命,并设计了叠加功率循环实验,验证了寿命预计结果的正确性。文献[39]采用贝叶斯估计算法确定了寿命模型的参数。文献[40]预测了智能变压器领域并联变换器中功率器件的寿命,并提出了新的功率平衡策略,使功率器件的寿命可以延长 7.5%～44%。值得说明的是,功率循环的施加频率也会影响寿命评估的结果,如式(1-4)所示[41]。

$$N_f = A \cdot f^{n_1} \cdot \Delta T_j^{\alpha} \cdot \mathrm{e}^{\frac{E_a}{K_B + T_m}} \tag{1-4}$$

式中,f 为功率循环的频率;n_1 为反映 f 对 N_f 的影响程度的常数,通常情况下等于 1。

为了进一步提高寿命预估的精度,文献[42]提出了一种改进型的 N_f 预测模型,以 Bayerer 模型命名,该模型能够反映导通时间、电流等级和焊线直径等因素对 N_f 的影响,如式(1-5)所示。

$$N_f = K \cdot \Delta T_j^{\beta_1} \cdot \mathrm{e}^{\frac{\beta_2}{T_j + 273}} \cdot T_{on}^{\beta_3} \cdot I^{\beta_4} \cdot V^{\beta_5} \cdot D^{\beta_6} \tag{1-5}$$

式中,K 为常数;T_{on} 为半导体器件导通时间;I、V 和 D 分别用来反映电流、焊锡层厚度和焊线直径的影响;β_1、β_2、β_3、β_4、β_5 和 β_6 均为常数,可以从文献[42]和[43]中查找得到。

文献[44]采用 Bayerer 模型定量计算了 10 MW 风机中两电平背靠背变换器、中点钳位型变换器、主动钳位型变换器、H 桥变换器和 T 型变换器中功率器件的寿命,表明主动钳位型和 T 型变换器中的器件具有更高的寿命。文献[45]利用 Bayerer 模型实现了器件的降额,节约了系统成本。文献[46]和[47]将 Bayerer 模型分别应用到单相逆变器和 H 桥变换器,分析了不同负载应力对功率器件寿命的影响。考虑到 Bayerer 模型参数过多,为了简化模型同时保证精度,采用参数拟合的方法也获得了良好的应用效果,其中拟合公式如式(1-6)所示。

$$N_f = \frac{a + b \cdot (T_{on})^{-n_1}}{a + 1} \tag{1-6}$$

式中,a、b 和 n_1 可以通过拟合直接得到。

文献[48]设计了 6 组先进的功率循环测试实验,结合威布尔分布和式(1-6)得到了不同 T_{on} 下的 N_f 计算公式,定量地探索了 T_{on} 对 IGBT 模块寿命的影响。文献[49]进行了 39 组功率循环测试,提高了参数 a、b 和 n_1 的拟合精度,提高了寿命预计结果的可信度。值得说明的是,为了进一步反映实际运行情况对器件级可靠性的影响,现有的研究已经探索了采用非线性损伤累积理论进行功率半导体器件寿命评估的方法[50-52]。文献[52]提出了新的非线性损伤累积理论,定量验证了 ΔT_j 对功率半导体器件不同阶段寿命的影响。

对于功率电容的寿命评估,常用的模型主要为经验模型和以其为基础的简化模型,分别如式(1-7)和式(1-8)所示[53-60]。

$$L_{cap} = L_0 \cdot (\frac{V}{V_0})^{-n_2} \cdot e^{\left[\frac{E_a}{K_B} \cdot (\frac{1}{T} - \frac{1}{T_0})\right]} \tag{1-7}$$

$$L_{cap} = L_0 \cdot (\frac{V}{V_0})^{-n_2} \cdot 2^{\frac{T_0-T}{10}} \tag{1-8}$$

式中,L_0 和 L_{cap} 分别为测试和实际运行条件下电容的寿命;V_0 和 V 分别为测试和实际运行条件下电容承受的电压;T_0 和 T 分别为测试和实际运行条件下电容的温度;n_2 为电压影响因子,通常等于1。

文献[54]采用简化电容寿命模型证明了交流阻抗对直流母线电容寿命有很大程度的影响。文献[55]将电容寿命模型、绕组寿命模型和成本模型相结合实现了 Buck 变换器中 LC 滤波器的可靠性定向设计。文献[59]首先建立电容失效的威布尔时间分布,然后采用寿命模型计算了电容的寿命,最后从可靠性提高的角度选定了薄膜电容而不是铝电解电容。文献[61]采用 Arbin 测试仪对超级电容进行了 587 次充放电循环,以容值和等效电阻变化拟合得到了超级电容寿命的计算模型。文献[62]探索了环境温度、风速和电容串并联结构对风电系统中直流侧母线电容寿命的影响,并以此为基础提出了寿命扩展的方法。

通过以上对基于失效物理的器件级寿命模型的分析,可以看出失效物理模型以反映器件在不同应力下的退化程度为基础,能够准确反映某一材料退化对器件寿命的影响,但是其无法同时考虑环境应力、器件定额、热应力和结构应力等内外部因素对器件寿命的影响。例如电机本体主要考虑绕组绝缘退化对其寿命的影响、半导体功率器件主要考虑焊锡层老化和键合线脱落对其寿命的影响,而电容则考虑等效电阻变化对其寿命的影响。考虑到同类型器件所用材料和尺寸上的差异,基于失效物理的寿命模型通常不能移植,因此若在系统设计阶段选用新器件,必须重新建立器件级可靠性模型,这样会明显增加系统设计的复杂度。同时失效物理模型计算寿命时以损伤的线性或者非线性累积为基础,导致其寿命是随时间变化的,若将其直接应用到系统级的可靠性评估,会造成可靠度函数计算过程过于复杂,甚至无法求解。

（2）应力计算模型

应力计算模型的实施依赖于大量工业应用现场器件失效的数据统计,能够反映器件在不同内外应力作用下失效的概率,简称为失效率(λ)。通过工业应用现场器件失效的数据统计,能够克服理论研究中常规假设带来的可靠性计算精度问题,提高可靠性评估的可信度。文献[63]通过调查 23 个国家在 2003 年至 2017 年在陆地和海上应用的 7 400 多台风机中功率变换器失效的原因,得出湿度和冷凝过程是风电领域功率变换器失效的主要原因,而不是常规认为的温度循环。

依据文献[64-66],失效率在整个生命周期内的变化趋势类似浴盆曲线,如图 1-3 所示。在元器件的初始使用阶段,随着生产工艺的改进,随机失效的影响被消除,因此整体失效率会逐渐降低。在大规模应用阶段,相同应力下失效率几乎为常数。而在老化阶段,元器件性能下降,会造成随机失效率逐渐提高。考虑到电力电子系统所选用的均为采用成熟工艺制造的元器件,因此通常认为失效率在相同内外应力下为恒定值。此时,可以通过查阅可靠性预计手册实施失效率的计算,主要包括 MIL-HDBK-217F、RDF2000 和 IEC-TR-62830 等[67-74]。

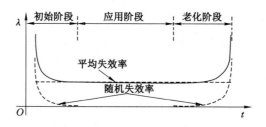

图 1-3　元器件失效率变化曲线

MIL-HDBK-217F 是由美国国防部依据军用和民用设备元器件失效数据制定的可靠性手册,其由于数据来源准确,实施过程简单,已经在电力电子系统的可靠性评估中得到了广泛的应用。文献[67]给出了通过 MIL-HDBK-217F 计算 IGBT 和功率电容失效率的详细过程,在此基础上得出了增加维修率可提高光伏系统逆变器的可靠性。文献[68]采用 MIL-HDBK-217F 计算了 Z 源变换器中功率器件的失效率,并结合元器件计数模型计算了 Z 源变换器的可靠度。文献[69]归纳了电感和变压器失效率计算的参数选择方法,并提出了针对不同任务剖面的权重平均无故障时间计算方法,拓宽了 MIL-HDBK-217F 的应用范围。考虑到功率器件快速更新换代和失效研究的进步,MIL-HDBK-217F 无法反映新型器件和 ΔT_j 对失效率的影响。值得关注的是,文献[70]将失效物理的影响增加到 MIL-HDBK-217F 中,提高了失效率的计算精度。

RDF2000 由法国电力技术联盟在 2000 年 7 月 3 日发布,并于 2008 年进行了更新[66],该手册能够反映温度循环对失效率计算的影响。不同于 MIL-HDBK-217F,RDF2000 通过计算质量、老化过程和内部结构对失效率的影响,进而得到功率器件的整体失效率。文献[71]和[72]以 RDF2000 为基础在 MATLAB/Simulink 中搭建了可靠性计算模型,定量分析了控制策略和测试环境对混合动力汽车逆变器可靠性的影响。文献[73]采用 RDF2000 分析了在三个不同光伏安装点中使用功率变换器的可靠性,表明运行时系统 70% 的失效率是由热应力所造成的,而在停机状态时湿度则成了造成功率变换器失效的主要因素。

IEC-TR-62830 是 RDF2000 的升级版本,同样有一定的应用范围。文献[74]采用 MIL-HDBK-217F 和 IEC-TR-62830 计算了不同任务剖面下光伏系统中功率器件的失效率,定量说明了这两个手册计算的电磁元器件的失效率均比预期的大,同时 IEC-TR-62830 能够更好地反映热循环的影响。

考虑到 SRM 系统是一种典型的电力电子系统,因此上述手册均可以用来进行 SRM 系统元器件失效率的计算,但是如何选择合适的手册和确定可信度更高的参数需要进行进一步的研究和探索。

1.2.2 系统级可靠性模型

1985 年,苏联对系统级可靠性给予以下定义:"可靠性具有复合的属性。根据对象的用途与运行条件,它包括连续性、耐久性、可维修性和可保存性,或这些特性的组合。对于具体的对象和运行条件,这些特性有各自相关的意义。"更通俗地说,可靠性是指系统在规定时间内、规定条件下完成规定任务的能力[75-78]。因此对于电力电子系统来说,其可靠性可以定义为:在系统寿命周期内,满足基本运行条件(包括安装环境,基本的机械条件以及外部额定电压和电流等)下,系统的实际输出能够满足期望输出的能力。为了定量评估电力电子系统的可靠性,首先需要建立准确的系统级可靠性评估模型,然后求解得到反映系统级可靠性的指标,包括可靠度、平均无故障时间(mean time to failure,MTTF)、平均维修时间(mean time to repair,MTTR)、可用率和重要度等[79-81]。现有应用于电力电子系统的可靠性模型主要包括元器件计数模型、可靠性框图模型、故障树模型和多状态动态模型。

(1)元器件计数模型

元器件计数模型是一种基础的系统级可靠性计算模型,其实施过程简单,只需将每个元器件的可靠度相乘即可获得系统级的可靠度 $R(t)$,如式(1-9)所示。

$$R(t) = \prod_{i=1}^{M_1} R_i(t) \tag{1-9}$$

式中，M_1 为系统元器件的数目；$R_i(t)$ 为系统中第 i 个元器件的可靠度。

现有的研究通常将元器件计数模型与器件级的失效物理模型相结合，进行系统级可靠性的定量计算。文献[57]基于失效物理模型计算了功率半导体器件和电容的寿命，然后利用元器件计数法研究了 DC/DC 变换器的寿命，结果定量揭示了在变换器的设计过程中应该重点考虑气候条件的影响。文献[75]将 Coffin-Manson 模型与元器件计数模型相结合，实现了三相电压源逆变器寿命的评估。文献[76]采用元器件计数法说明了半导体器件的并联不一定会带来功率变换器可靠性的提高，而集成功率模块则能够提高系统的可靠性。结合元器件的寿命计算，文献[77]从可靠性的角度定向优化了 1.5 kW 永磁型风机中功率变换器拓扑的选择。相比于与失效物理模型相结合，将元器件计数模型和应力计算模型相结合能够降低系统级可靠性评估过程的复杂性，节约评估时间。文献[78]将 MIL-HDBK-217F 应用到光伏系统中，计算了三种单相逆变器拓扑的可靠性，证明了功率半导体器件是系统中最薄弱的环节，而不是功率电容。文献[67]定量得到了减少元器件数目和增加维修率对系统可靠性的提高程度，为可靠性提高措施的选择与实施奠定了良好的基础。相似的方法也在功率因数矫正和 Z 源逆变器领域得到了使用[68,79]。虽然元器件计数模型实施简单方便，能够反映元器件数目和热应力对可靠性的影响，但是无法揭示可靠性逻辑关系和容错能力对系统可靠性的影响，因此对于有强容错能力的系统来说，可靠性评估结果的准确性往往无法得到保证。为了实现对容错能力的表征，文献[80]和[81]将 Copula 相关函数引入元器件计数模型，定量表征了模块化多电平变换器各桥臂故障对系统可靠性的影响，但是无法表征桥臂内部功率器件故障对系统可靠性的影响。

(2) 可靠性框图模型

可靠性框图(reliability block diagram，RBD)模型的建立依赖于系统的组成结构，主要包括串联 RBD 模型、并联 RBD 模型和混联 RBD 模型[82]。其中，串联 RBD 模型中任意一个串联环节或器件失效就会造成系统的整体失效，因此计算方法与元器件计数模型相同，如式(1-9)所示。文献[47]将 Coffin-Manson 模型和 RBD 模型相结合，分析了不同任务剖面下 H 桥变换器的可靠性。文献[83]建立了 DC/DC 变换器的串联 RBD 模型，分析了不同任务剖面下系统的可靠性。而并联 RBD 模型中所有并联环节或器件失效才会造成系统失效，通常用于有冗余环节或器件的系统。文献[84]用 RBD 模型分析了不同冗余结构下电压源逆变器的可靠性。由于模块化多电平变换器各相桥臂的独立性，文献[85]

建立了该变换器的 RBD 模型,实现了可靠性和成本的定量优化。而混联 RBD 模型应用于结构复杂的系统,求解时需要依据最小割集法。文献[82]将混联 RBD 模型与置信重要度计算方法相结合,给出了复杂系统中薄弱元器件的确定方法,为大规模电力电子系统中薄弱环节的探寻奠定了良好的基础。文献[86]建立了带三个并联 MOFSET 的升压 DC/DC 变换器的混联 RBD 模型,进一步实现了可靠度和效率的综合优化,提升了系统的运行性能。文献[87]将混联 RBD 模型引入多电飞机的能量转换系统,为热应力减少、冗余策略实施和薄弱环节辨识等可靠性提高方法的选取提供了理论指导。

通过 RBD 模型能够准确反映系统结构对可靠性的影响,但是通常情况下仅能够定量表征单级故障对系统可靠性的影响,而无法刻画多级故障的影响。对于有强容错能力的并联 DC/DC 变换器、多电平变换器和不对称半桥变换器,其能够在多级故障下运行,因此采用 RBD 模型时会带来一定的评估误差。为了解决上述问题,一种特殊的 RBD 模型——k-out-of-n:G 模型在电力电子系统中得到了一定的应用[88]。文献[89]建立了并联逆变器系统的 k-out-of-n:G 模型,计算了并联变换器数目与系统可靠性的关系,同时进行了成本和可靠性的定向优化。文献[90]将 k-out-of-n:G 模型应用到多电平变换器领域,可靠性评估结果表明与两电平拓扑相比,三电平和五电平拓扑的故障处理能够在短时间内提高全局可靠度。而 k-out-of-n:G 模型在模块化多电平变换器冗余策略选取方面也取得了良好的应用效果[91-93]。值得说明的是,k-out-of-n:G 模型适用于有多级冗余和多个对称环节的系统,而无法反映各个环节内部多级故障对系统可靠性的影响。

（3）故障树模型

故障树模型的建立首先需要进行故障模式分析,确定故障类型及不同故障对系统的影响程度,从而可以获得模型中的事件类型和事件之间的关系,然后将其采用树状结构图表示[94-95],即可得到对应系统的故障树模型。故障树模型能够深层次地揭示系统可靠性的逻辑转移关系,确定系统失效的根本原因。文献[96]通过建立轴承、定子、功率器件和电力拖动系统的故障树模型,得到了使系统失效的支配因素。文献[97]采用故障树模型分析了电力变压器系统的可靠性。文献[98]和[99]建立了列车供电系统的可靠性模型,重点强调了继电保护对系统可靠性的提高效果。虽然故障树模型能够通过表征故障之间转移的层次关系,确定影响系统可靠性的根本因素,但是与可靠性框图模型类似,故障树模型无法表征多级故障对系统可靠性的影响,降低了可靠性评估精度。为了克服上述影响,动态故障树模型的理论得到了发展[100]。相比于静态故障树,动态故障树在传统逻辑符号的基础上增加了优先与门、备件门和功能相关门[101-103]。但是求解动态故障树模型时,通常需要将动态故障树模型划分为静态模块和动态模块,其中静态模块采用二值法进行求解,动态模块采用 Markov 模型进行求解[101],求解复杂度明显增加。同时,现有的动态故障树模型主要针对通信基站[101]、保护系统[102]和电网[103]等大规模复杂系统,而没有电力电子系统动态故障树建模的相关研究报道。

(4)多状态模型

多状态模型通过表征多级故障下系统运行状态的动态转移过程,能够充分体现容错能力对系统可靠性的影响,更符合系统的实际运行情况,具有更高的可靠性评估精度[104]。常用的多状态模型主要包括贝叶斯模型、Go 模型和 Markov 模型[39,105-108],其中 Markov 模型因理论清晰、建模过程成熟和求解方法简单而成了电力电子系统中最受欢迎的可靠性评估模型。文献[109]建立了感应电机系统的 Markov 模型,能够充分考虑运行场合需求、元器件数目和容错能力对可靠性的影响,但是由于缺少有效的热模型,忽略了热应力对可靠性的影响。文献[110]在分别设定磁通切换永磁电机系统各环节故障水平的基础上,采用 Markov 模型分析了电机相数、定子结构和混合励磁方法对系统可靠性的影响,为将来可靠性定向设计的实施奠定了基础。文献[111]改进了 Markov 模型的求解方法,简化了磁通切换永磁电机系统的可靠性计算过程。文献[112]将 Markov 模型应用于 DC/DC 变换器的可靠性评估,结果表明电容额定电压是影响变换器可靠性的主要支配因素。文献[113]建立了多级升压变换器的 Markov 模型,实现了变换器结构的可靠性定向优化选择。文献[114]采用 Markov 模型定量说明了所提变换器拓扑的可靠性高于传统拓扑。文献[115]建立了模块化多电平变换器的 Markov 模型,并用蒙特卡罗仿真实现了非常数值失效率下系统级可靠性的计算。对于常用的三相逆变器系统来说,文献[116]证明了采用高性能 SiC 器件和冗余策略能够将平均无故障时间提高五倍以上。同时 Markov 模型也能有效反映维修率对系统可靠性的影响[117]。

虽然 Markov 模型能够有效表征容错能力对可靠性的影响,增强了可靠性评估的精度,但是为了简化建模过程,现有的研究经常缺少热模型,进而忽略了热应力的影响。同时,虽然有强容错能力的功率变换器能够带故障运行,但是故障后的热应力分布与正常运行时有极大的不同,同样会影响可靠性,现有的研究经常予以忽略。当电力电子系统采用冗余策略提高容错能力和可靠性时,系统的元器件数目会大量增加,而依据 Markov 模型的建模原则,若系统有 N 个元器件,则模型中会出现 N 的阶乘个状态,进而导致 Markov 模型的复杂度会快速增长,严重时甚至会使模型发散,无法求解。

综上分析,将常用的系统级可靠性评估方法总结于表 1-2。其中,为了更好地说明建模原理和模型的优缺点,将 k-out-of-n:G 模型单独列出。

表 1-2 系统级可靠性评估模型总结

常用模型	建模原理	建模优点	存在缺点
元器件计数模型	累积每个元器件的可靠度即可得到系统的可靠度	实施过程简单方便	无法表征容错能力对可靠性的影响,评估结果过于保守
可靠性框图模型	依据系统的结构,建立可靠性逻辑框图,主要包括串联模型、并联模型和混联模型	建模和计算过程简单,适用于非冗余的系统	最多只能表征单级故障,而无法刻画应用场合需求和元器件间关系对可靠性的影响
k-out-of-n:G 模型	特殊的 RBD 模型,同样依赖于系统结构	能够一定程度刻画多级故障可靠性的影响,适用于具有冗余和对称结构的系统	无法表示冗余或对称环节内部故障对可靠性的影响
故障树模型	采用树状结构表示导致系统失效的事件和事件之间的逻辑关系	能够考虑应用场合需求和元器件数目对可靠性的影响,并且深层次揭示导致系统失效的根本因素	无法充分表示容错能力对可靠性的影响,计算结果过于保守
多状态模型	通过表示不同故障下系统运行状态的动态转移过程进行模型的建立	能够反映应用场合需求、元器件数目、热应力和容错能力对可靠性的影响,评估精度高	建模过程复杂,同时建模复杂度会随着元器件数目的增多而快速增长,可能使模型发散,无法求解

1.2.3 系统级可靠性提高方法

考虑到可靠性与系统的成本和安全运行能力直接相关,因此人们通常期望电力电子系统的可靠性越高越好。为了满足上述要求,近年来各国学者提出了大量的系统级可靠性提高方法[116-123]。由于可靠性能够综合反映应用场合需求、元器件定额与数目、热应力以及容错能力对系统运行性能的影响,因此现有的可靠性提高方法也是从上述几个方面出发完成对系统运行性能的提升。依据现有方法对可靠性的提高机理,可以将其归纳为三个类型:从元器件角度提高可靠性,从热应力降低和平衡角度提高可靠性,从容错能力增强角度提高可靠性。随着系统对可靠性要求的不断提高,单纯从元器件、热应力和容错能力角度增强可靠性已经不能满足某些应用场合的要求,因此同时考虑多个方面因素影响的可靠性提高方法受到了更多的探索与关注。将定量的可靠性评估引入可靠性提高方法往往能够获得最优的可靠性提高策略,但是这方面的研究工作进行得较少。接下来,针对现有方法对可靠性的提高机理和研究进展进行总结与归纳。

(1) 从元器件角度提高可靠性

电机系统作为一种特殊的电力电子系统,电机本体相比于功率变换器和检测环节来说具有更低的故障率和更高的可靠性,因此从元器件角度提高系统级可靠性主要是针对功率变换器和检测环节。对于功率变换器来说,使用更高性能的元器件或者采用元器件数目更少的拓扑是常用的可靠性提高策略。使用高性能元器件对可靠性提高的机理,可以从如下两个方面进行解释:① 随着功率器件集成技术的发展,模块化功率器件能够减少接触电阻和连接点数目,从而降低故障率;② 随着功率器件制造技术的发展,以碳化硅和氮化镓为代表的宽禁带半导体器件具有更低的开关损耗,从而能够降低器件的热应力。由于温度是导致功率半导体器件失效的主要原因,因此在相同工作条件下宽禁带半导体器件具有更低的故障率,从而能够提高系统级可靠性。文献[116]将碳化硅器件应用到了三相电压源逆变器,采用可靠性框图模型获取了碳化硅器件对系统可靠性的提高效果。文献[118]对比了碳化硅 MOSFET 和硅 IGBT 在中点嵌位型三电平功率变换器中的应用效果,结果表明采用碳化硅 MOSFET 的变换器能够有效提高效率、降低运行成本,同时增强系统的可靠性。采用元器件数目更少的拓扑是在常用拓扑的基础上通过减少元器件的数目降低系统总的故障率,进而实现可靠性的提高。文献[119]采用三相四开关变换器代替三相六开关全桥逆变器,并提出了有针对性的容错调制方法。但是采用元器件数目更少的拓扑可能会带来热应力的提高、容错能力的降低和控制性能的下降,从而可能会降低系统可靠性。由于电容同样是功率变换器中的薄弱环节,且电容的失效率随容值的增加而增大,因此现有的研究提出的一些降低容值或者无电容的调制策略及控制拓扑也能够增强系统级的可靠性[25-32]。但是考虑到 SRM 系统特殊的驱动拓扑和控制策略,采用性能更高的元器件能够实现 SRM 系统可靠性的提高,而其他策略需要专门的探索。

对于电力电子系统的检测环节来说,尽可能降低传感器的使用数目被认为是实现可靠性增长的主要手段。脉冲注入是实现电机系统中无位置传感器运行的重要策略,在无刷电机系统、永磁电机系统以及开关磁阻电机系统中均取得了广泛的应用[25-28]。虽然脉冲注入能够避免位置传感器的使用,增强检测环节的可靠性,但是在其实施过程中会造成开关频率的升高,产生额外的损耗,影响功率变换器的热分布,进而可能降低功率变换器的可靠性。现有的研究中没有定量考虑检测环节可靠性的提高幅度和功率变换器可靠性的降低幅度,因此此时电力电子系统可靠性变化幅度未知。对电流检测来说,采用尽可能少的电流传感器来实现各相电流的检测,同样取得了一定的研究成果。与位置检测不同,采用脉冲注入检测电流信息对系统的可靠性影响更大,这主要是因为位置检测时脉冲注入发生在闲置相,而电流检测时发生在工作相,此时电流幅值更大,产生损耗更多,更加影响变换器的热平衡分布。因此现有的电流检测研究已经逐渐从脉冲注入获得精确的相电流信息发展到了如何缩小脉冲注入范围降低对系统可靠性的影响。文献[120]通过注入 $180°$ 相移的两路脉冲到驱动信号,实现了采用一个电流传感器进行两相 DC/DC 变换器各相电流的测量。文献[121]利用一个电流传感器实现了电压源逆变器的三相电流平衡控制,并提出了具有针对性的在线误差补偿策略,提高了电流检测的抗扰性。为了避免过多脉冲注入对系统效率和可靠性的影响,文献[122]探索了最小脉冲注入方法。虽然使用更少传感器的电流检测方法能够降低检测环节总的故障率,提高静态可靠性,但是现有传感器数目减少的控制方法对可靠性的提高均是定性的而不是定量的,同时忽略了热应力分布和容错能力对系统可靠性的影响,造成系统的可靠性提高效果不明显,甚至可能降低可靠性。

（2）从热应力降低和平衡角度提高可靠性

考虑到热应力是影响可靠性的主要因素,因此主动进行热应力的降低和平衡已经成为系统级可靠性提高的主要手段,而精确快速的热模型则是热应力降低和平衡策略实施的基础。虽然有限元热模型能够实现热应力分布的精确预计,但是对硬件要求较高,计算速度较慢。为了加快热应力计算速度,基于阻容网络的热路计算模型被广泛应用到了电机本体和功率变换器。同时,现有的热路模型研究已经从不考虑耦合的一维模型发展到了充分考虑耦合的三维模型。图 1-4(a)所示为传统的一维 Foster 和 Cauer 热路模型[123]。其中 Foster 模型为一种行为模型,不具有任何物理意义。由于无法反映元器件传热过程中产生的散热损耗,多个器件的 Foster 模型不能直接互连,因此 Foster 模型不能直接用于功率变换器的热评估[123-125]。Cauer 模型建模严格依赖元器件的热特性,能够用于功率变换器的热评估,但是元器件中各材料的热特性难以测量,必须依赖制造商提供,增加了建模的复杂度[126]。为了解决上述问题,可以通过将 Foster 模型转化为等效 Cauer 模型,进而用于系统级的热模型建立,但是转化后的模型会对输入的损耗或热量产生滤波效果,进而产生一定的稳态误差。为了解决上述问题,文献[127]提出了一种改进的一维阻容模型,在 Foster 模型的基础上增加了低频滤波补偿环节消除稳态误差,取得了良好的应用效果[28,128],如图 1-4(b)所示。其中,P_{in}、P_{out}、T_j、T_c 和 T_a 分别为输入损耗、输出损耗、功率器件结点温度、功率器件外壳温度和环境温度。但是一维热路模型均无法考虑不同器件之间和同一器件不同内部材料之间的热耦合作用。为解决上述问题,三维热路模型及其建模方法被广泛应用到了电机本体、大功率模块和变换器等场合[129-137],增强了热应力预计精度与速度。在精确地获取热应力后,热应力的降低与平衡策略研究已经从初始的增加散热能力和降额运行发展到了新型功率平衡策略。散热能力的增加主要包括优化电机结构、将风冷改为水冷或者油冷、新型结构散热器设计等[138]。文献[35]通过建立精确反映ΔT_j影响的寿命模型,获得了ΔT_j的降低程度与寿命提高的关系。文献[139]通过降低开关频率来减少热循环对功率器件的损伤,进而实现了功率器件寿命的延长。功率平衡策略的实施能够有效优化分配并联和冗余功率器件及相关变换器之间的电热载荷,得到最优的热应力分布,进而提高寿命。文献[140]以功率器件导通电阻作为指示,单独调节并联升压变换器各个桥臂的参考电流,平衡了热应力,实现了系统寿命的延长。文献[40]和[141]提出了有针对性的功率分配策略,分别增强了并联变换器和级联H桥变换器的可靠性。为了探索更好的维修策略和保证可靠性的有效提高,文献[142]实现了级联H桥和双有源变换器之间的功率平衡,提高了智能变压器整体的可靠性。上述功率平衡策略的实施有助于将传统针对单个器件的维护策略转化为针对多个器件的维护策略,提高系统的运行可靠性。

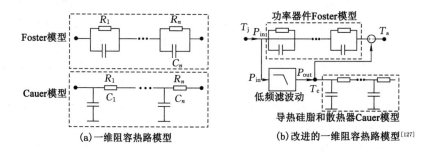

图 1-4　常用的热路模型

（3）从容错能力增强角度提高可靠性

容错能力对电力电子系统可靠性的提高机理在于:通过容错策略的实施增强系统的运行性能,进而增加系统带故障运行情况下存活状态的数目,实现系统级可靠性的最终提高。值得说明的是,为了保证容错能力对可靠性的提高效果,必须结合故障诊断方法快速确定故障类型与故障发生位置[143-144]。故障诊断可以从两个方面提高系统的可靠性:首先,故障诊断能够实现故障发生位置和类型的确定,有助于采取有效措施,防止故障传播,提高系统安全运行的能力;其次,快速的故障诊断能够降低系统的平均维修时间,从而提高系统的可用率(A),而A和可靠性直接相关,如式(1-10)所示。

$$A = \frac{\text{MTTF}}{\text{MTTF} + \text{MTTR}} \qquad (1\text{-}10)$$

由上式可以看出,为了保证故障诊断对可靠性的提高效果,通常期望故障诊断时间越短越好。依据文献[143]和[144]的分类,常用的故障诊断方法可以分为基于模型的诊断方法、基于知识的诊断方法、基于信号的诊断方法和混合诊断方法。采用基于模型的故障诊断方法时,首先需要建立在线的电力电子系统模型,然后检测实际输出与模型输出的一致性,进而能够判断故障类型。为了保证诊断精度,需要多次判断实际输出与模型输出是否一致,诊断时间通常为毫秒级,且模型的准确度直接影响诊断精度。文献[145]通过建立电压源逆变器的非线性比例-积分观测器模型,实现了不同器件开路故障的诊断,具有良好的鲁棒性,并且最小诊断时间能够达到30 ms。文献[146]通过建立模块化多电平变换器中工作器件和扇区的对应关系模型,在10 ms内实现了开路故障的诊断。基于知识的故障诊断方法无须建立系统模型,但通常需要采集正常和故障情况下系统运行的波形,然后经神经网络[147-148]、专家系统[149]和数据驱动[150-151]等算法实现故障诊断。由于所需计算量和存储空间较大,因此通常为离线进行而不是在线。基于信号处理的故障诊断方法是通过一定的算法处理经测量获取的电压、电流、磁链和振动等信号,提取故障特征,主要包括时域法、频域法和时频域法等。由于算法的实施通常至少需要一个周期的数据,因此诊断时间通常也为毫秒级。由于在线算法通常在数字处理器中进行,所以将模拟信号转化为数字信号的过程也会明显增加故障诊断时间。为了缩短诊断时间,采用专门设计的故障诊断电路结合逻辑判断的方法能够使诊断时间达到微秒级。文献[152-154]分别设计了针对直流升压变换器、串并联变换器和电压源逆变器的诊断电路,实现了微秒级的故障诊断。而混合诊断方法是将基于模型、知识和信号的诊断方法进行组合,旨在集合各个方法的优点,已经在异步电机和永磁电机中取得了一定的应用,但是诊断时间也通常为毫秒级而不能达到微秒级[155-156]。

依据容错策略实施后系统的运行效果,容错能力提高策略可以分为退化运行策略和结构冗余运行策略[157]。退化运行策略是利用自身的冗余功能,提出一定的控制策略改善系统的运行性能,从而提升系统输出满足应用场合要求的能力,增强系统的可靠性。文献[158]通过额外的晶闸管将功率器件开路或短路后的三相电压源逆变器转化为四开关变换器,实现了异步电机系统的容错运行。文献[159]提出了针对五相开绕组永磁电机功率器件短路状态下的调制策略,维持了恒转矩的输出特性,但是考虑到最大电压的限制,可能会出现降速运行的情况。文献[160-162]分别提出了不同多电平拓扑下的容错策略,提升了对应系统的可靠性,但是输出谐波和电压变化范围相比于正常运行情况都有一定程度的恶化。结构冗余运行策略将增加额外的器件,主要包括器件冗余、桥臂冗余以及子系统冗余等,其中子系统冗余以电机和变换器级的冗余为主[89-90,113,163]。该策略在提高可靠性的同时能够避免系统运行性能的退化,但是会使系统的搭建成本明显增加,因此,如何在可靠性和成本之间找到平衡点,是冗余策略进一步应用的研究重点。文献[85]建立了冗余模块化多电平变换器的可靠性评估模型和成本模型,为冗余设计的定量优化奠定了基础。文献[89]从可靠性和运行成本角度确定了变换器的并联数目,揭示了影响可靠性和成本的重要因素。文献[113]分析了多级升压变换器中可靠性和成本的关系,为优化变换器结构选择奠定了基础。

上述的三类可靠性提高方法只能从单方面提高系统的可靠性,同时可能会带来一些新的可靠性问题。例如减少元器件数目时,可能会带来热应力的增加和容错能力的下降,影响可靠性的提高效果。因此,现有的研究已经开始探索考虑多个方面因素的可靠性提高策略,这种策略的实施必须借助于系统级可靠性评估模型。其中,可靠性定向设计是最直接的考虑多种因素的可靠性提高方法。可靠性定向设计对系统可靠性的提高机理在于通过系统级可靠性评估模型得到定量的可靠性指标反馈,确定影响可靠性的主要因素,进而采取有效措施进行可靠性分配,最终实现可靠性提高幅度的最大化。文献[164-166]给出了电力电子系统可靠性定向设计的详细流程,主要包括四个阶段:可靠性分析、初始设计、定量验证和优化设计。上述过程的实施通常需要进行应力强度分析、故障模式分析、电-热-机械多物理模型的建立、容错能力设计、可靠性模型建立和成本优化等,设计过程过于复杂,未来的研究中需要综合考虑成本和时间因素,进行设计过程的简化。文献[55]通过建立电模型和功率电容及电感的寿命计算模型,实现了 LC 滤波器的可靠性定向优化设计。文献[26]针对光伏并网逆变器系统,通过建立任务剖面模型、电热仿真模型和可靠性计算模型完成了整个系统可靠性定向设计。文献[167]针对应用最广的电压源逆变器,首先采用故障模式分析确定系统的关键组成元器件,然后建立鱼骨静态可靠性模型,完成了设计目标。文献[168]提出了一种基于实验设计(design of experiment,DoE)的设计策略,可以实现以可靠性最高为目标的参数选取,成功设计了一台具有 12 年平均无故障时间的逆变器,但是设计过程中需要大量计算。文献[169]将人工智能引入电力电子系统的可靠性定向设计,通过建立两个神经网络分别表征任务剖面及设计参数与热应力和寿命之间的关系,完成了可靠性与滤波器尺寸之间的优化设计。但是现有的定向可靠性设计方法均以静态可靠性作为反馈,而忽略了容错能力对可靠性的影响,可能造成设计方案过于保守,从而使系统成本过高。若直接采用动态可靠性指标作为回馈,由于考虑了带故障运行状态,可能造成系统性能有一定程度的下降。如何综合考虑静态和动态可靠性指标,是未来新型可靠性设计方法研究的重点。现有的可靠性设计方法通常只进行可靠性与成本之间的优化[167-171],无法考虑更多因素,实现系统性能的综合提高。

1.3　开关磁阻电机系统可靠性研究现状

1.3.1　可靠性评估研究现状

作为典型的电力电子系统,近年来各国学者已经进行了大量的 SRM 系统级可靠性研究,但是这些研究工作主要集中于可靠性提高方法,而不是可靠性评估模型[172-180]。造成这种现状的原因可以从以下两方面解释:

(1) 由于元器件的通用性,基于失效物理和应力计算的两种器件级可靠性评估模型均适用于 SRM 系统中的元器件。

(2) 由于 SRM 系统独特的自同步特性及供电方式,而使其系统组成、变换器拓扑、控制策略、故障类型、带故障运行特性及热应力分布与其他电力电子系统相比有极大程度的不同,这无疑增加了 SRM 系统级可靠性评估的难度与复杂度,若将常用的系统级可靠性评估方法直接用于 SRM 系统,会造成较大评估误差。

文献[172]基于 MIL-HDBK-217F 给出了 SRM 系统中功率器件的失效率计算方法,并建立了常用变换器拓扑的混联 RBD 模型,阐述了变换器拓扑复杂度及元器件数目对可靠性的影响。但是由于所采用模型不能充分表征容错能力和热应力变化对可靠性的影响,而造成评估结果过于保守,进而影响其可信度。文献[173]将可靠性框图和 Markov 模型引入 SRM 系统,获取了斩单管控制模式下 SRM 系统的平均无故障时间,并且证明了基于 Markov 模型得到的动态可靠性评估结果与系统的实际运行情况更加一致。但是,该方式忽略了热应力,降低了可靠性的评估精度。

综上分析可知,现有的系统级可靠性建模方法均无法在评估精度、评估速度和通用性等方面满足 SRM 系统的要求。

面对日益提高的可靠性运行要求,SRM 系统的可靠性评估将会扮演越来越重要的角色,因此急需高性能的 SRM 系统级可靠性评估方法,其必须满足如下要求:① 能够充分表征不同应用场合要求,刻画人为因素对可靠性的影响;② 能够充分揭示元器件数目、热应力和容错能力对可靠性的影响,提高可靠性评估精度;③ 必须集成快速和高精度的热模型,加快可靠性评估速度;④ 具有良好的普适性,能够适用于不同结构、不同拓扑和不同控制策略的 SRM 系统;⑤ 应对复杂度增加的 SRM 系统时,模型不能发散,尤其是对于冗余结构的 SRM 系统。现有针对 SRM 系统的可靠性评估方法均不能满足上述要求。

1.3.2 可靠性提高方法研究现状

SRM 结构简单和各相独立的特性使其具有良好的缺相运行能力和可靠性,同时新型模块化定子或转子结构的 SRM 能够进一步增强电机本体的容错性能和可靠性[174-176]。但是,即使简单结构的单相 SRM 系统也需要功率变换器和检测环节才能够正常运行。大量研究表明,SRM 系统中功率变换器和检测环节是系统中最薄弱的环节[177-204],因此现有的可靠性提高方法主要集中在这两个环节。下面分别从元器件、热应力降低和平衡以及容错能力提升角度归纳和总结 SRM 系统现有的可靠性提高方法及发展趋势。

（1）从元器件角度提高 SRM 系统的可靠性

从元器件角度,现有的研究主要通过减少元器件的数目提高功率变换器和检测环节的可靠性。但是只减少元器件数目可能带来容错能力的下降和热应力的增强,因此无法保证 SRM 系统可靠性的增强效果。例如,虽然文献[177]提出的功率变换器拓扑每相只需要一个开关管和一个二极管,但是需要两个大容值电容进行分压,而任意一个电容的故障都会影响多相的正常运行,从而可能导致系统直接失效,这无疑使可靠性有一定程度的下降。典型的低成本米勒型功率变换器能够有效降低开关管和二极管的数目,但是公共开关管承受的热应力会明显增加,同时控制性能和容错能力明显弱于不对称半桥功率变换器[178]。虽然 m-switch 功率变换器每相仅需要一个开关管和两个二极管,同时动态控制性能优于不对称半桥功率变换器,但是容错能力明显降低[178-179]。从以上分析可以看出,如何在降低成本的同时不损害系统的控制性能、热分布和容错能力,进而保证可靠性,是从元器件角度提高功率变换器可靠性时迫切需要解决的问题。

对于检测环节来说,由于 SRM 自同步的运行特性,依赖准确的位置信息才能够正常运行,因此对无位置传感器控制方法的研究同样多于电流传感器优化控制。在无位置传感器的研究中,低速时通常采用脉冲注入法进行位置的检测。与其他电力电子系统类似,脉冲注入法同样会带来额外的开关损耗和热应力[180-182],影响可靠性。通常是在闲置相注入脉冲,这意味着两相正常才能保证系统运行,一定程度上降低了系统的可靠性。在高速时采用角度位置控制策略,通过检测电感上升端、对齐位置和电感下降末端等特殊位置[19,21,183-184],实现位置检测。但是上述特殊位置的判断通常需要相电流或者相电压信息,从而需要额外的电流或者电压传感器,虽然电流或电压传感器的故障率低于位置传感器,但也同样会影响可靠性的提高效果。

对于电流检测来说,采用更少的传感器实现多相电流的检测成了近年来的研究热点,主要包含三类方法:

① 通过检测特殊位置的电流并配合有效的解耦策略,定量得到各相电流,如图 1-5 所示,其中 i_{bus}、i_{bus1}、i_{bus2} 和 i_{bus3} 分别为下励磁母线电流、下续流母线电流、上励磁母线电流和上续流母线电流。文献[185]首次采用一个传感器检测 i_{bus},并专门设计硬件逻辑电路来改变驱动信号,实现了三相 SRM 系统各相电流的检测。文献[186]直接采用控制器生成双路相移 $180°$ 的高频脉冲,实现了不同控制策略下的相电流重构。文献[187]同时从相电流检测和功率器件故障诊断角度优化了 i_{bus}、i_{bus1}、i_{bus2} 和 i_{bus3} 的选择,确定了传感器的摆放位置。虽然该类方法能够精确实现相电流的检测,但是在解耦时通常需要脉冲注入,而此时脉冲注入时的电流幅值明显大于无位置检测时脉冲注入的电流幅值,对系统可靠性影响更大。

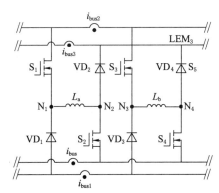

图 1-5　特殊位置电流检测

② 通过主动安排多相电流穿过一个电流传感器,并通过一定的数学算法定量计算得到各相电流。文献[188-190]通过两相复用一个电流传感器,并求解对应的矩阵方程,降低了多相 SRM 系统相电流检测的传感器数目,但是该方法依赖于霍尔型电流传感器,而不能用于低成本采样电阻的检测方法。同时,当功率变换器发生短路故障时,故障相在整个转子周期内存在电流,会加剧电流耦合情况,进而可能无法获取正确的相电流,使系统无法运行。

③ 适用于特殊拓扑的相电流检测方法,该类方法只在特定拓扑中才有良好的应用效果,而无法应用在常用的不对称半桥变换器拓扑中。文献[191]通过检

测模块化双极型拓扑的母线电流,并注入少量脉冲,获得了各相电流的完整信息。文献[192]在部分区间注入脉冲信号获取了无中点电容变换器驱动 SRM 系统的各相电流。

综上分析可以看出,当从元器件数目减少角度提高可靠性时,由于缺少有效的可靠性评估方法,造成可靠性提高效果模糊,无法达到最优的可靠性增长。

(2) 从热应力降低和平衡角度提高 SRM 系统的可靠性

作为热应力降低和平衡策略实施的基础,SRM 系统的热模型已经从传统的有限元模型发展到了快速的热路模型,并形成了一系列有效的建模方法。文献[193]在软件 FLUX 环境中建立了单边直线开关磁阻电机的二维有限元热模型,并分析了环境温度和负载变化对最大温升的影响。文献[194]采用三维有限元模型分析了水冷条件下双定子开关磁阻电机的热分布,为水冷通道的分布及散热条件的优化奠定了基础。考虑到功率变换器的热特性直接影响 SRM 系统的可靠性,文献[195]和[196]分别分析了自然换热和强制风冷条件下功率变换器的热分布,为后续热优化策略的实施奠定了基础。文献[197]从器件位置和功率变换器摆放角度优化了功率变换器的热分布,增强了系统可靠性。由于 SRM 特殊的双凸极结构,其热路模型与其他电机系统相比有极大程度的不同。文献[198]从热流角度给出了直线 SRM 的三维热路模型建模方法,并与二维热模型进行了对比。文献[199]建立了功率变换器的集总参数热路模型,考虑了器件间的热耦合作用,增强了建模精度。文献[200]基于热路模型设计了集成电机系统中功率变换器和电机本体的冷却通道,实现了热分布的优化。同时热路模型已经被应用到了 SRM 的多目标优化设计中,取得了良好的应用效果[201-202]。虽然热应力降低和平衡策略能够提高系统的可靠性,但是由于无法获取定量的可靠性指标,进而无法对比不同策略对可靠性的提升效果,无法进一步实现对可靠性的优化。

(3) 从容错能力提升角度提高 SRM 系统的可靠性

SRM 系统容错能力的提升同样需要依赖快速的故障诊断策略。文献[203]采用神经网络学习来分辨系统正常和故障情况下的相电流波形,实现了功率变换器开路和短路故障诊断。文献[204]将 Park 变换和图形化的方法结合起来实现了四相 SRM 系统功率变换器的故障判别与诊断,但是该算法只能离线实施。文献[205]采用傅里叶变换提取相电流的基频和一次谐波的比值作为故障特征量,能够准确鉴定位置管短路故障,且具有良好的鲁棒性。但是上述基于相电流波形的方法所需的故障诊断时间至少为一个转子周期。为了进一步缩短诊断时间和实现在线故障诊断,文献[25]提出了两种适用于电压斩波控制策略的故障诊断方法,能够减少传感器的数目和略去采样过程,进而可以将最小故障诊断时间缩小到两个斩波周期。但是该方法应用到电流斩波控制策略下的 SRM 系统时,所需电流传感器数目会明显增多。为了降低诊断成本,文献[206]设计了针对三相全桥逆变器的诊断电路,避免了昂贵电流和电压传感器的使用,但是故障的判断需要电感信息,增加了诊断的复杂度。

现有的 SRM 系统容错策略以提升退化运行性能为主。虽然 SRM 系统具有良好的缺相运行能力,但是此时故障相输出为零,转矩脉动过大。文献[207]采用模糊控制策略优化了缺相运行后的转矩脉动,保证了 SRM 系统的平稳运行。文献[205]提出了变角度控制策略来弱化位置管短路故障后产生的制动转矩对系统的影响。为了保证开关管开路故障后,故障相始终有一定的输出,文献[208]增加额外桥臂,使单相开关磁阻发电机系统在功率管故障后,仅使部分绕组而不是全部绕组失去励磁,从而能够保证一定的发电量,如图 1-6(a)所示。文献[209]进一步将每极绕组使用一个模块化功率变换器,从而最大化保证开路故障下的转矩输出,增强转矩平滑性及系统可靠性,但是成本也会明显增加,如图 1-6(b)所示。为了降低容错拓扑的成本,增加额外的开关管借助健康相的功

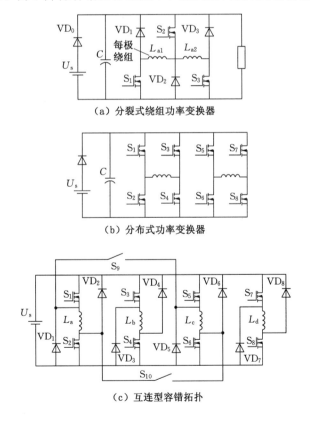

（a）分裂式绕组功率变换器

（b）分布式功率变换器

（c）互连型容错拓扑

图 1-6　不同类型功率变换器容错型拓扑

率器件给故障相励磁,也成了 SRM 系统容错能力提升的一个重要手段。其中一个典型的拓扑如图 1-6(c)所示[210]。值得注意的是,现有的容错能力提升方法以增强 SRM 系统带故障运行能力为主,并且能够增加故障后的存活状态而提高动态可靠性,但是会带来数目的增多和成本的增加。同时,借助健康相功率器件进行容错能力提升时会增加其热应力,同样会影响系统级可靠性。

综上所述,由于 SRM 系统独特的运行特性、变换器拓扑以及控制方式,而使现有的其他电力电子系统可靠性评估模型无法直接用来评估 SRM 系统的可靠性。同时,现有的 SRM 系统提高可靠性的方法总是单纯从元器件、热应力降低和平衡以及容错能力提升角度入手,无法保证可靠性提高效果。大量的研究表明,将可靠性模型用来验证可靠性提高方法能够取得更好的应用效果,但是相应的研究还没有在 SRM 系统中出现。因此进行 SRM 系统可靠性定量评估和提高方法的研究还有大量的工作需要进行。

2 开关磁阻电机系统级可靠性问题研究

2.1 引言

虽然 SRM 具有较高的可靠性,但是这并不意味着 SRM 系统同样具有高的可靠性。首先,SRM 的驱动必须依赖功率变换器,而大量的研究表明功率变换器已经成为电力电子系统中最薄弱的环节[177-180],这必将影响 SRM 系统的可靠性;其次,通常情况下位置和电流信息的检测需要额外的传感器,这同样会增加系统的成本和故障率。虽然现有的研究已经提出了大量有效提高系统可靠性的方法[185-198],但是由于缺少有效的 SRM 系统级可靠性评估模型,而导致提高效果往往是定性的而不是定量的,从而不能确定可靠性提高效果最优的方法。

在进行 SRM 系统可靠性评估时,为了简化建模流程,提高评估效率,可靠性评估模型需要能够同时计算静态和动态可靠度,从而能够简化建模流程,提高评估效率。其中,静态和动态可靠度分别为不考虑和考虑容错能力时系统的可靠度。但是现有的可靠性评估模型往往只能计算静态或动态可靠度[172-173],同时可靠性的评估速度主要取决于热应力的预计速度。由于不对称半桥功率变换器拓扑的特殊性,而造成其在小功率场合往往需要独立器件配合额外的散热器搭建[199],而不是采用模块化变换器,使热耦合效果相对于传统的电压源逆变器有所不同,进而增加了热模型建立的复杂度,导致现在缺少有效的功率变换器热路模型建立方法。由于可靠性能够综合反映应用场合需求、元器件数目、热应力和容错能力对系统性能的影响,因此从可靠性角度定向选择控制参数和策略能够有效提高 SRM 系统的运行性能。

首先,给出了适用于 SRM 系统的可靠性评估流程,主要由器件级可靠性评估和系统级可靠性评估组成。在器件级可靠性评估方面,提出了不对称半桥功率变换器三维热路模型的建立方法,从而保证了可靠性的评估精度与速度。在系统级可靠性评估方面,提出了基于 k-out-of-n:G 模型和 Markov 模型的系统级可靠性评估模型,能够在降低建模复杂度的同时提高评估精度。然后,将所提出的可靠性评估模型应用到四相 SRM 系统,进行了静态和动态可靠性分析。

为了验证所提模型的普适性,所提出的可靠性评估模型也被用来进行了双边开关磁阻直线发电机系统的可靠性评估,定量说明了容错能力对可靠性提高的重要性。同时,分析了不同控制参数、控制策略和冗余策略对 SRM 系统级可靠性的影响。最后设计了热应力和容错能力实验,间接验证了可靠性评估模型及结果分析的有效性。

2.2 系统级可靠性问题及其建模

2.2.1 系统组成与运行策略

通常情况下,SRM 系统由 SRM 本体、功率变换器、检测环节和控制器四部分组成,如图 2-1(a)所示。当 SRM 系统运行时,首先通过检测环节检测各相电流信息(i_{ph})和转子位置(θ),然后由控制器计算 SRM 的实时转速(n_s),并结合给定的转速(n^*)和设置的控制策略生成各个功率开关管的驱动信号(DS),进而能够控制功率变换器向 SRM 供电的时序和频率,驱动电机正常运转。

为了有效说明所提出的 SRM 系统级可靠性评估模型,本书选用四相 8/6 开关磁阻电机作为样机,其主要参数如表 2-1 所示。为了保证 SRM 系统的控制性能和容错能力,功率变换器选择常用的不对称半桥功率变换器(asymmetric half-bridge power converter,AHBPC),其拓扑结构如图 2-1(b)所示。其中,U_s 为直流供电电源,一般选用蓄电池或者开关电源;C 为直流母线电容,用来进行滤波和吸收负电压续流阶段回馈的绕组储能;$S_1 \sim S_8$ 为开关管,由于所选样机为低功率系统,因此选用功率器件 MOSFET,型号为 FQA160N08;$VD_1 \sim VD_8$ 为二极管,为避免直通故障,本书选用超快恢复二极管 MUR6020;$N_1 \sim N_8$ 为绕组和功率变换器之间的连接点,例如 N_1 和 N_2 分别连接 A 相绕组两端。SRM 常用的控制策略主要包含电压斩波控制(voltage chopping control,VCC)、电流斩波控制(current chopping control,CCC)和角度位置控制(angle position control,APC)。以 CCC 策略为例,其运行原理如图 2-1(c)所示。利用转速反馈,使 n^* 和 n_s 经 PI 调节器生成参考电流(I_{ref}),将 I_{ref} 与 i_{ph} 经电流滞环控制器生成控制信号,并将其与对应相的位置信号相与,得到对应相的斩波信号。为了降低转矩脉动和开关损耗,本书选用斩单管模式,此时斩波信号和位置信号分别用来驱动上管和下管。传统的观点认为,在基速以下时,应该选用 CCC 或者 VCC 策略用来避免可能出现的过电流,保证 SRM 系统的安全运行;在基速以上时,应该选用 APC 策略来降低开关频率,提高系统效率。但是过电流可以通过调节开通角(turn-on angle,θ_{on})、关断角(turn-off angle,θ_{off})和 U_s 进行避免。同时,现有的研究中缺少有效的方法去选择 VCC 或者 CCC 策略。既然可靠性能够综合反映应用场合需求、元器件数目、热应力和容错能力对系统性能的影响,因此本书从可靠性的角度探索 VCC、CCC 和 APC 策略的选取原则。

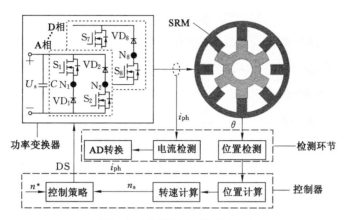

（a）四相8/6开关磁阻电机系统基本组成

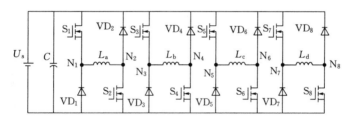

（b）四相不对称半桥功率变换器拓扑结构

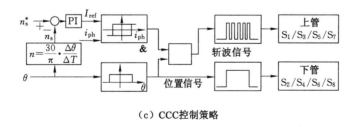

（c）CCC控制策略

图 2-1 四相 8/6 开关磁阻电机系统组成与运行策略

表 2-1　四相 8/6 样机主要参数

参数名称	值	参数名称	值
定子外径	110 mm	轴长	76.5 mm
定子内径	67 mm	定子极数	8
定子轭厚	6.0 mm	转子极数	6
转子外径	66.5 mm	每极匝数	20
定子极宽	11.6 mm	额定转速	500 r/min
转子极宽	12.8 mm	基速	635 r/min
气隙	0.5 mm	负载转矩	1 N·m

2.2.2　可靠性评估流程

考虑到 SRM 系统独特的运行特性和控制拓扑,现有的可靠性评估方法不能直接用来进行系统级的可靠性评估。为了弥补现有研究存在的不足,本书给出了一种适用于 SRM 系统可靠性评估的方法,由系统级可靠性评估和器件级可靠性评估两部分组成,具体实施流程如图 2-2 所示。其中,器件级可靠性评估是为了提供系统级可靠性计算过程中必需的元器件失效率(λ_i)。

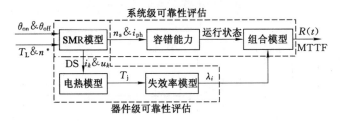

图 2-2　可靠性评估流程

在进行系统级可靠性评估时,首先在 MATLAB/Simulink 中建立 SRM 系统的仿真模型,包括 SRM 子模型、功率变换器子模型、检测环节子模型和控制器子模型,如图 2-3(a)所示。其中,后面三个子模型可以直接从 Simulink 元件库中找到基本组件进行搭建,而 SRM 的模型由机械方程和电磁特性两部分组成,其中电磁特性由磁链特性和转矩特性两部分组成,如图 2-3(b)和图 2-3(c)所示,可以通过文献[210]中的转矩平衡方法测量得到。SRM 系统仿真模型建立完成后,设置控制参数 θ_{on}、θ_{off}、n^* 和负载转矩(T_L),运行模型可以得到 n_s 和 i_{ph}。依据不同应用场合的需求,设置对应的失效判别标准,结合故障模式分析,可以实现容错能力的定量判定,进而得到 SRM 系统在不同故障下的运行状态,最后建立本书所提出的基于 k-out-of-n:G 模型和 Markov 模型组合的系统级可靠性评估模型,实现静态和动态可靠度的计算。所提出的组合模型能够同时继

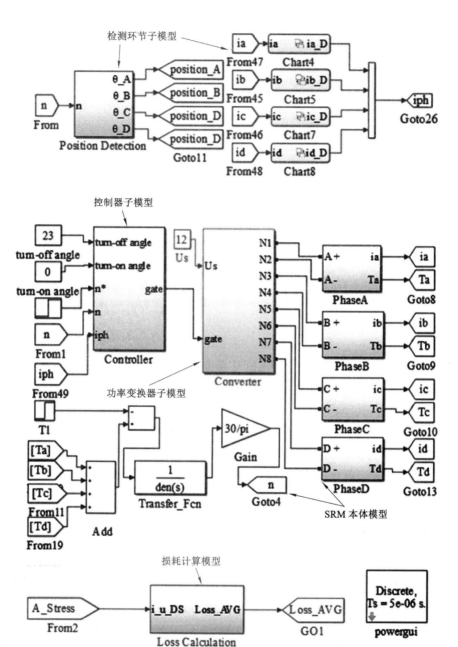

（a）SRM 系统 Simulink 仿真模型

图 2-3　SRM 系统仿真模型及电磁特性

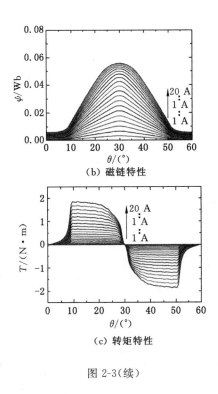

(b) 磁链特性

(c) 转矩特性

图 2-3(续)

承 k-out-of-n:G 模型和 Markov 模型的优良特性,降低建模复杂度,提高评估精度,灵活地实施静态或动态可靠性分析。而在器件级可靠性评估时,首先需要运行 SRM 系统仿真模型得到每个器件的 DS、电流(i_k)和电压(u_k),然后计算出平均损耗,将其作为所建热模型的输入可以得到各个功率器件的结点温度(T_j),进而可以通过失效率模型计算得到失效率 λ_i。

2.2.3 提出的组合模型

所提出的组合模型采用 k-out-of-n:G 模型来反映 SRM 系统必要组件的可靠性逻辑关系,而采用 Markov 模型精确定量地评估各个组件的可靠性。相比于单纯的 k-out-of-n:G 模型,所提组合模型能够提高评估精度。而与单纯的 Markov 模型相比,所提组合模型能够在保证评估精度的同时减少状态数,简化建模过程。依据文献[85-90]的定义,k-out-of-n:G 模型认为对于拥有 n 个组成器件或环节的系统来说,至少存在 k 个器件或环节正常工作时,系统才会处于存活状态。因此当 k-out-of-n:G 模型用来反映 SRM 系统各个组成环节的可靠性逻辑关系时,n 和 k 分别代表相同功能的组成环节数目和最小的相同功能环节数目,用以保证系统处于存活状态。当 SRM 系统各环节没有冗余时,k-out-of-n:G 模型可以被认为是 1-out-of-1:G 模型。虽然控制器是 SRM 系统的重要组成部分,但是 SRM、功率变换器和检测环节拥有更高的电热应力和失效率,而电热应力和失效率是评估可靠性的重要指标。同时控制器的可靠性随着集成电路工艺的提高,失效率已经实现了极大程度的降低,因此控制器的失效率远远小于其他三个环节[163]。为了简化分析,本书只考虑 SRM、功率变换器和检测环节对系统可靠性的影响。

在不采用冗余策略的情况下,SRM、功率变换器和检测环节中任意一个失效都会导致 SRM 系统无法运行,因此 SRM 系统的可靠度 $R(t)$ 如式(2-1)所示。

$$R(t) = R_{\text{SRM}}(t) \cdot R_{\text{DT}}(t) \cdot R_{\text{PC}}(t) \tag{2-1}$$

式中,$R_{\text{SRM}}(t)$、$R_{\text{DT}}(t)$ 和 $R_{\text{PC}}(t)$ 分别为 SRM、检测环节和功率变换器的可靠度。

在冗余策略实施后,依据冗余环节的不同,可以得到不同的 SRM 系统可靠度计算公式,分别如式(2-2)~式(2-4)所示。

$$R_{\text{SRM}\_N}(t) = \sum_{k=1}^{N} C_N^k \left[R_{\text{SRM}}(t) \right]^k \left[1 - R_{\text{SRM}}(t) \right]^{N-k} \cdot R_{\text{DT}}(t) \cdot R_{\text{PC}}(t) \tag{2-2}$$

$$R_{\text{DT}\_N}(t) = R_{\text{SRM}}(t) \cdot \sum_{k=1}^{N} C_N^k \left[R_{\text{DT}}(t) \right]^k \left[1 - R_{\text{DT}}(t) \right]^{N-k} \cdot R_{\text{PC}}(t) \tag{2-3}$$

$$R_{\text{PC}\_N}(t) = R_{\text{SRM}}(t) \cdot R_{\text{DT}}(t) \cdot \sum_{k=1}^{N} C_N^k \left[R_{\text{PC}}(t) \right]^k \left[1 - R_{\text{PC}}(t) \right]^{N-k} \tag{2-4}$$

式中,$R_{\text{SRM}\_N}(t)$、$R_{\text{DT}\_N}(t)$ 和 $R_{\text{PC}\_N}(t)$ 分别为 SRM、检测环节和功率变换器 N 级冗余下 SRM 系统的可靠度。

得到系统可靠度之后,可以采用式(2-5)进一步计算得到 SRM 系统在整个运行周期内的平均无故障时间 MTTF。

$$\text{MTTF} = \int_0^{\infty} R(t) \mathrm{d}t \tag{2-5}$$

接下来,为了保证 $R_{\text{SRM}\_N}(t)$、$R_{\text{DT}\_N}(t)$ 和 $R_{\text{PC}\_N}(t)$ 的求解精度,需要分别建立对应环节的 Markov 模型。Markov 模型的建模原理基于 Markov 过程,即认为系统当前的状态仅与上一个状态有关,而与上一个状态之前的所有状态无关[109-113]。基于该原理,Markov 模型能够充分地表征容错能力作用下带故障运行状态对系统可靠性的影响。当建立各环节的 Markov 模型时,首先需要依据不同应用场合对 SRM 系统运行能力的要求,制定有效的失效判别标准;然后进行故障模式分析和故障仿真,判断系统的运行状态,存活还是失效;同时确定各运行状态之间的转移关系,建立状态转移关系图;最后依据查普曼-科尔莫戈罗夫公式计算得到位于各个状态概率构成的矩阵 $[P(t)]$,如式(2-6)所示。

$$\boldsymbol{P}^{\text{T}}(t) = \mathrm{e}^{\Phi^{\text{T}}} \boldsymbol{P}^{\text{T}}(0) \tag{2-6}$$

式中，$\boldsymbol{P}^{\mathrm{T}}(t)$ 和 $\boldsymbol{\Phi}^{\mathrm{T}}$ 分别为矩阵 $\boldsymbol{P}(t)$ 和 $\boldsymbol{\Phi}$ 的转置；$\boldsymbol{P}(0)$ 是矩阵 $\boldsymbol{P}(t)$ 在 $t=0$ 时刻对应的值；$\boldsymbol{\Phi}$ 为各状态之间平均转移概率构成的矩阵，如式（2-7）所示。其中，K 为 Markov 模型中总的状态数目。

$$\boldsymbol{\Phi} = \begin{bmatrix} \varphi_{1(1)} & \varphi_{1(2)} & \cdots & \varphi_{1(K)} \\ \varphi_{2(1)} & \varphi_{2(2)} & \cdots & \varphi_{2(K)} \\ \vdots & \vdots & \ddots & \vdots \\ \varphi_{K(1)} & \varphi_{K(2)} & \cdots & \varphi_{K(K)} \end{bmatrix} \qquad (2\text{-}7)$$

式中，$\varphi_{i(j)}$ 代表从状态 i 到状态 j 的平均转移率。

得到 $\boldsymbol{P}(t)$ 之后，累加其中存活状态的概率，可以得到对应环节的可靠度 $R(t)$，如式（2-8）所示。

$$R(t) = \sum_{i=1}^{M} P_{\mathrm{S}i}(t) \qquad (2\text{-}8)$$

式中，M 为存活状态的个数；$P_{\mathrm{S}i}(t)$ 是位于存活状态 i 的概率。

综上所述，组合模型的建模流程如图 2-4 所示。在本书接下来的分析中，图 2-4 所示的建模流程会被用来进行静态可靠性和动态可靠性的计算，进而验证所提组合模型的有效性。

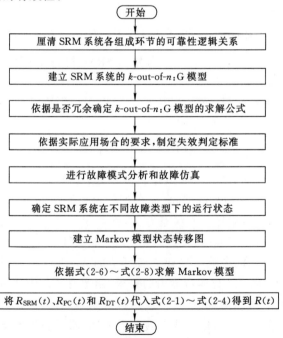

图 2-4 提出的组合模型建模流程

2.3 器件级可靠性评估

2.3.1 失效率计算

由于所针对的 SRM 系统处于应用阶段，因此可以采用应力分析模型来计算元器件的失效率。值得说明的是，本书采用的失效率模型仅仅是为了提供一个统一的标准去解释和说明所提出的系统级可靠性评估模型，进而能够对比不同控制策略、控制参数、变换器拓扑和容错策略等因素对系统级可靠性的影响，最终实现 SRM 系统可靠性的综合提高。因此，本书选用电力电子系统中广受欢迎的可靠性预计手册 MIL-HDBK-217F 来计算各个元器件的失效率，如式(2-9)所示。

$$\lambda_i = \lambda_b \cdot \pi_i \cdot P_F \qquad (2\text{-}9)$$

式中，λ_b 是基本失效率；π_i 是应力系数；P_F 是元器件 i 发生开路或短路故障的概率，可以从可靠性手册 MIL-HDBK-338B 中查询得到。

以 MOSFET 为例详细说明失效率的计算过程。通过查询可靠性预计手册，可以得到 λ_b 等于 0.012，应力系数 π_i 包括应用系数(π_A)、质量系数(π_Q)、环境系数(π_E)和温度系数(π_T)。由于所选样机功率介于 50 W 到 250 W 之间，因此 π_A 等于 8.0。选用民用普通质量的 MOSFET，因此 π_Q 等于 2.4。所选样机系统在地面环境运行，因此 π_E 等于 6.0。温度系数与结点温度直接相关，如式(2-10)所示。

$$\pi_T = e^{-1\,925(\frac{1}{T_j+273} - \frac{1}{298})} \qquad (2\text{-}10)$$

综上所述，MOSFET 的失效率(λ_M)仅与结点温度 T_j 有关，具体如式(2-11)所示。

$$\lambda_M = 880.0 e^{-\frac{1\,925}{T_j+273}} \qquad (2\text{-}11)$$

按照相同的方式，将功率变换器元器件失效率计算的应力系数总结于表 2-2，进而可以计算得到直流电容的失效率(λ_C)和二极管的失效率(λ_D)分别如式(2-12)和式(2-13)所示。

$$\lambda_C = 0.34 C^{0.18} \qquad (2\text{-}12)$$

$$\lambda_D = 3481.3 e^{-\frac{3091}{T_j+273}} \qquad (2\text{-}13)$$

式中，C 是电容值，以 μF 为单位。

表 2-2　功率器件失效率计算应力系数

功率器件	电容	MOSFET	二极管
λ_b	0.028	0.012	0.069
π_{CV}	$0.34C^{0.18}$	—	—
π_Q	10.0	2.4	2.4
π_E	2.0	6.0	6.0
π_A	—	8.0	—
π_T	—	$e^{-1\,925\left(\frac{1}{T_j+273}-\frac{1}{298}\right)}$	$e^{-3\,091\left(\frac{1}{T_j+273}-\frac{1}{298}\right)}$
π_C	—	—	1.0
π_S	—	—	0.054

图 2-5(a)所示为 MOSFET 和二极管的失效率与 T_j 的关系,相同结点温度下,MOSFET 具有更高的失效率。而对于 λ_C 来说,随着电容值的增加失效率增大幅度减小,因此降低电容值能够降低系统的故障率,如图 2-5(b)所示。

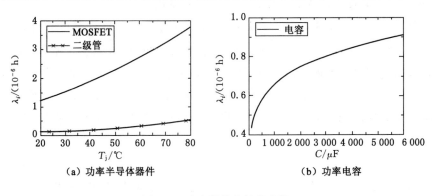

（a）功率半导体器件　　　　（b）功率电容

图 2-5　功率器件失效率曲线

为了定量呈现不同元器件在不同故障下的失效率,首先将 SRM 系统可能的故障类型进行总结。在斩单管模式下,由于上管和下管分别被斩波信号和位置信号驱动,因此上管和下管的电热应力和失效率均不同,需要单独考虑。在此前提下,CCC 策略下 SRM 系统的主要故障类型包括绕组开路(open circuit of windings,OW)、绕组短路(short circuit of windings,SW)、电容开路(open circuit of capacitor,OC)、电容短路(short circuit of capacitor,SC)、上管开路(open circuit of upper MOSFET,OUM)、上管短路(short circuit of upper MOSFET,SUM)、下管开路(open circuit of lower MOSFET,OLM)、下管短路(short circuit of lower MOSFET,SLM)、上二极管开路(open circuit of upper diode, OUD)、上二极管短路(short circuit of upper diode,SUD)、下二极管开路(open circuit of lower diode,OLD)、下二极管短路(short circuit of lower diode,SLD)、位置传感器开路(open circuit of position sensor,OPS)、位置传感器短路(short circuit of position sensor,SPS)、电流传感器零输出(zero output of current sensor,ZCS)、电流传感器增益输出(gain output of current sensor,GCS)和电流传感器常值输出(constant output of current sensor,GCS)共17种故障。相比于CCC策略,VCC和APC策略实施时不需要电流传感器,因此不会出现电流传感器故障,此时共有14种故障类型。虽然SRM中OW和SW故障的失效率受不同运行条件的影响,但是SRM简单坚固的结构和各相的独立性,而导致其可靠性远大于功率变换器的可靠性。同时不同短路匝数对系统的影响趋势相同,因此为简化分析,本书将SRM绕组在短路10匝的失效率作为全局的失效率。综上所述,将SRM系统不同故障下的失效率总结如表2-3所示。

表2-3　不同故障导致SRM系统的失效率

组成环节	故障类型	失效率	$\lambda_i/(10^{-6}\ \text{h})$
SRM	OW	λ_{OW}	1.08
	SW	λ_{SW}	1.08
检测环节	OPS	λ_{OPS}	1.21
	SPS	λ_{SPS}	1.21
	ZCS	λ_{ZCS}	0.13
	GCS	λ_{GCS}	0.13
	CCS	λ_{CCS}	0.13
功率变换器	OC	λ_{OC}	0.83
	SC	λ_{SC}	1.25
	OUM	λ_{OUM}	$0.32\lambda_M$
	SUM	λ_{SUM}	$0.51\lambda_M$
	OLM	λ_{OLM}	$0.32\lambda_M$
	SLM	λ_{SLM}	$0.51\lambda_M$
	OUD	λ_{OUD}	$0.29\lambda_D$
	SUD	λ_{SUD}	$0.51\lambda_D$
	OLD	λ_{OLD}	$0.29\lambda_D$
	SLD	λ_{SLD}	$0.51\lambda_D$

值得说明的是,按照文献[69]中提出的权重 MTTF(MTTF$_{av}$)的计算方法,本书所提出的组合可靠性模型也可以用来计算时变失效率下的系统可靠性。考虑到老化阶段时变失效率的变化率相对较慢,因此时变失效率区间可以被划分为 L 个运行阶段。在每个阶段内,失效率应该近似为常数。然后按照上述失效率为常数的计算方法,得到对应的 $R(t)$ 和 MTTF。最后依据式(2-14)得到整个时变失效率区间内的 MTTF$_{av}$。

$$\text{MTTF}_{av} = \frac{1}{T_{td}} \sum_{i=1}^{L} T_i \cdot \text{MTTF}_i \qquad (2\text{-}14)$$

式中,T_{td} 为整个时变失效率周期;T_i 和 MTTF$_i$ 分别为第 i 个阶段持续的时间和对应的 MTTF。

2.3.2 电热应力计算模型

由表 2-3 可以看出,T_j 对于 λ_M 和 λ_D 的定量获取至关重要,而快速准确地预计 T_j 必须依赖由损耗计算和热模型组成的电热仿真模型。近年来,各国学者已经对功率变换器的损耗计算进行了大量的研究,形成了比较通用的计算方法,可以直接移植到 SRM 系统各个功率器件的损耗计算[42-45]。对于功率器件 MOSFET 来说,其一个转子周期(T_{ph})内的平均损耗(P_M)由开通损耗(P_{on})、关断损耗(P_{off})和导通损耗(P_{con})组成,如式(2-15)所示。

$$P_M = P_{on} + P_{off} + P_{con} \qquad (2\text{-}15)$$

若 T_{ph} 时间内有 J 个斩波周期,则 P_{on}、P_{off} 和 P_{con} 的计算公式如式(2-16)～式(2-18)所示。

$$P_{on} = \frac{\sum_{i=1}^{J} E_{on}(i_{k\_i}, u_{k\_i})}{T_{ph}} \qquad (2\text{-}16)$$

$$P_{off} = \frac{\sum_{i=1}^{J} E_{off}(i_{k\_i}, u_{k\_i})}{T_{ph}} \qquad (2\text{-}17)$$

$$P_{con} = \frac{1}{T_{ph}} \cdot \sum_{i=1}^{J} \left[\int_0^{T-t_{on}-t_{off}} i_{k\_i}(t) \cdot u_{k\_i}(t) dt \right] \qquad (2\text{-}18)$$

式中,t_{on}、t_{off}、E_{on} 和 E_{off} 分别是功率器件 k 的开通时间、关断时间、开通能量和关断能量;$i_{k\_i}(t)$ 和 $u_{k\_i}(t)$ 分别为第 i 个斩波周期内功率器件 k 承受的电流和电压;T 为斩波周期。

其中,t_{on} 和 t_{off} 可以直接从相关手册中查找得到,而 E_{on} 和 E_{off} 需要通过在 LTspice 软件中建立器件级仿真模型得到,分别如图 2-6(a)和图 2-6(b)所示。

对于二极管来说,总的平均损耗(P_D)由开通损耗(P_{on1})、导通损耗(P_{con1})和快恢复损耗(P_{off1})组成。由于超快恢复二极管的使用,P_{on1} 和 P_{off1} 相对于 P_{con1} 来说非常小[123-124],因此 P_D 可以认为近似等于 P_{con1},而 P_{con1} 的计算公式与式(2-18)相似。

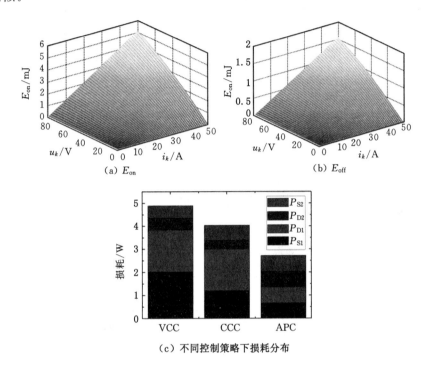

(a) E_{on} (b) E_{off}

（c）不同控制策略下损耗分布

图 2-6　功率变换器损耗计算

由于基速是控制策略选取的重要因素,因此不同控制策略下 SRM 系统的可靠性评估在额定转矩和基速下进行。对于本书选用的样机来说,额定转矩为 1.0 N·m,基速为 635 r/min。在 VCC 和 CCC 策略实施时,θ_{on} 和 θ_{off} 分别设置为 0° 和 25°。同时 VCC 策略下斩波频率设置为 5 kHz,CCC 策略下电流滞环宽度设置为 1 A,采样频率为 20 kHz。而在 APC 控制策略下,由于速度闭环控制的作用,θ_{on} 和 θ_{off} 分别被调节为 0.8° 和 21.4°。在 MATLAB/Simulink 中运行建立的损耗模型,以 A 相为例,功率器件 S1、S2、D1 和 D2 的损耗分布如图 2-6(c)所示,其中 P_{S1}、P_{S2}、P_{D1} 和 P_{D2} 分别为对应器件的损耗。由图中可以看出,不同控制策略下损耗分布是极其不同的。在 VCC 和 CCC 控制策略下,损耗分布极不平衡,P_{S1} 和 P_{D1} 明显较大。而在 APC 控制策略下,A 相四个功率器件的损耗几乎相等。因此可知通过建立的损耗模型能够得到每个功率器件的损耗,为 T_j

的预计奠定了基础。

不同控制策略下损耗分布的不同、功率变换器的不对称结构和功率器件之间热耦合效应的不一致性,都会增加 T_j 预计的难度,从而导致不能通过直接数学计算得到 T_j。虽然现有的有限元分析和直接实验测量的方法都能够精确地获得各个功率器件的结点温度,但是都需要过长的计算和测量时间,会严重影响可靠性评估的效率。而现有的一维或者二维热路模型能够快速地预计结点温度,但是预计精度往往不能满足应用的要求。因此本书提出采用三维耦合热路(three-dimensional coupled thermal circuit,3-D CTC)模型来预计各个功率器件的结点温度,具体流程如图 2-7 所示。

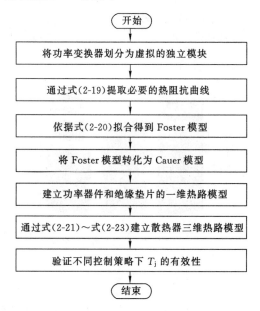

图 2-7　三维耦合热路模型建模流程

首先,依据功率器件的数目(K),将变换器划分为 K 个独立的虚拟模块,并且建立每个模块的三维 CTC 模型。以功率器件 S_1 为例,其对应的虚拟模块和三维 CTC 模型如图 2-8(a)所示。接下来,需要定量获得热阻抗曲线,包括功率器件结点到壳之间的热阻抗(Z_{j_c})、绝缘垫片的热阻抗(Z_{ch})、各个节点 $N_{(x,y)}$ 的热阻抗 $Z_{th(x,y)}$ 及结点之间的热阻。通常情况下,Z_{j_c} 和 Z_{ch} 可以从产品手册中直接查找到,而 $Z_{th(x,y)}$ 及结点之间的热阻需要通过建立有限元模型进行提取。当在软件 ANSYS 中建立功率变换器的有限元模型时,主要步骤包括:① 首先建立功率变换器的几何模型;② 设置材料热属性,其中主要材料的热属性如

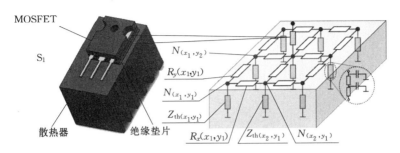

（a）功率器件 S_1 的三维 CTC 模型

（b）功率变换器有限元模型

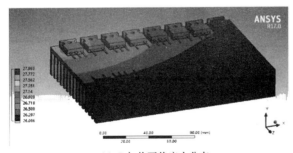

（c）S_1 加热下热应力分布

图 2-8　三维 CTC 模型

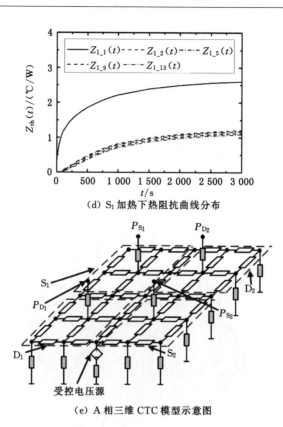

(d) S_1 加热下热阻抗曲线分布

(e) A 相三维 CTC 模型示意图

图 2-8（续）

表 2-4 所示；③ 确定边界条件，其中环境温度（T_a）、自然换热系数和散热器表面的热辐射率分别设置为 22 ℃、6.8 W/（m^2·℃）和 0.4；④ 剖分几何模型，采用 2 mm 边长的等边三角形进行剖分。

表 2-4　有限元模型主要材料热属性

组件	材料	热导率/[W/(m·K)]	比热容/[J/(kg·K)]	密度/(kg/m^3)
功率器件	环氧塑料壳	0.67	700	1 150
	硅	5.2	705	2 330
	等效焊锡层	2 590	3 500	3 870
	铜基板	386	384	8 933
绝缘垫片	硅胶布	2.26	893	3 200
散热器	铝	237	880	2 700

按照上述步骤,建立的有限元模型如图 2-8(b)所示。对 S_1 施加单位损耗的热载荷,运行所建立的功率变换器有限元模型,得到温度分布云图,如图 2-8(c)所示。然后,提取各个结点的温度 $T_{N(x,y)}$,并按照式(2-19)计算对应结点的热阻抗 $Z_{th(x,y)}$,得到的计算结果如图 2-8(d)所示。其中 $Z_{1\_1}(t)$、$Z_{1\_2}(t)$、$Z_{1\_5}(t)$、$Z_{1\_9}(t)$ 和 $Z_{1\_13}(t)$ 分别代表 S_1 的自热阻抗、S_1 与 D_1 之间的热阻抗、S_1 与 S_3 之间的热阻抗、S_1 与 S_5 之间的热阻抗和 S_1 与 S_7 之间的热阻抗。从图中可以看出,S_1 的自热阻抗明显大于功率器件之间的热阻抗,但是由于各个器件相互间的热阻抗均达到自热阻抗的 30% 以上,因此不能忽略,必须考虑热耦合的影响。

$$Z_{th(x,y)}(t) = \frac{T_{N(x,y)}(t) - T_a}{P_u} \tag{2-19}$$

式中,P_u 为单位功率损耗,大小为 1 W。

获得热阻抗曲线后,依据式(2-20)拟合得到 Foster 热路模型的热阻和热容参数。

$$Z_{th}(t) = \sum_{i=1}^{N_1} R_i \cdot (1 - e^{\frac{-t}{R_i C_i}}) \tag{2-20}$$

式中,$Z_{th}(t)$ 为热阻抗曲线;N_1 为阻容单元数目;R_i 和 C_i 分别为热阻和热容。

由于各个不同热阻抗的 Foster 模型不能直接相连,因此按照文献[127]中的方法将 Foster 模型转化为 Cauer 模型。接下来可将模块 S_1 和 D_1 的部分参数总结于表 2-5,其中散热器的 Cauer 模型以其最中间结点的 Cauer 模型代替,τ_{RC} 为热时间常数。从表中可以看出,MOSFET、二极管和绝缘垫片的 τ 远小于散热器的。同时考虑到热耦合效应主要通过散热器产生,因此本书采用一维的热路模型来刻画 MOSFET、二极管和绝缘垫片的热特性,而采用三维热路模型来描述散热器的热特性,从而在简化模型的同时保证结点温度的预测精度。

表 2-5　虚拟模块 S1 和 D1 的 Cauer 模型参数

虚拟模块	组成部分	$R/(K/W)$		$C/(J/K)$		τ_{RC}/ms
S_1	MOSFET	R_1	0.06	C_1	0.04	2.78
		R_2	0.11	C_2	0.05	5.83
		R_3	0.11	C_3	0.46	53.01
	绝缘垫片	R_4	0.67	C_4	0.06	40.21
	散热器	R_5	0.80	C_5	14.81	11 848.51
		R_6	1.74	C_6	475.32	824 916.52

表 2-5(续)

虚拟模块	组成部分	$R/(\mathrm{K/W})$		$C/(\mathrm{J/K})$		τ_{RC}/ms
D$_1$	二极管	R_4	0.21	C_4	0.01	2.11
		R_5	0.25	C_5	0.02	5.05
		R_6	0.28	C_6	0.12	33.62
	绝缘垫片	R_7	0.67	C_7	0.06	40.21
	散热器	R_{10}	0.81	C_{10}	12.31	9 964.63
		R_{11}	1.74	C_{11}	471.58	822 161.20

当建立功率器件和绝缘垫片的一维热路模型时,为了缩小热容和热阻的数目,简化模型,首先在 MATLAB/Simulink 中建立功率器件和绝缘垫片的热路模型,然后按照式(2-19)提取二者的等效热阻抗曲线,接下来重新按照式(2-20)拟合得到 Foster 模型,并将其转化为对应的 Cauer 模型。经过上述过程之后,此时功率器件和绝缘垫片一维热路模型的阻容单元从四个减少到两个。当建立散热器部分的三维热路模型时,对于 Z 轴方向各个结点的热路模型,可在提取 $T_{\mathrm{N}(x,y)}$ 之后按照式(2-19)计算热阻抗,然后建立 Cauer 模型。而对于 X 轴和 Y 轴上的热路模型,由于热耦合作用主要发生在散热器上,因此可以直接采用热阻来刻画热耦合作用,计算公式如式(2-21)和式(2-22)所示。

$$R_{x(x_1,y_1)} = \frac{T_{\mathrm{N}(x_1,y_1)} - T_{\mathrm{N}(x_2,y_1)}}{P_\mathrm{u}} \tag{2-21}$$

$$R_{y(x_1,y_1)} = \frac{T_{\mathrm{N}(x_1,y_1)} - T_{\mathrm{N}(x_1,y_2)}}{P_\mathrm{u}} \tag{2-22}$$

式中,$R_{x(x_1,y_1)}$ 是 X 轴方向在结点 $N_{(x_1,y_1)}$ 和 $N_{(x_2,y_1)}$ 之间的热阻;$R_{y(x_1,y_1)}$ 是 Y 轴方向在结点 $N_{(x_1,y_1)}$ 和 $N_{(x_1,y_2)}$ 之间的热阻。

考虑到功率变换器的对称分布特性,只需要在 A 相和 B 相的八个功率器件上施加单位载荷的热损耗即可获得整个功率变换器三维 CTC 模型的所有参数。获得各个虚拟模块三维 CTC 模型的参数后,连接各个模块时采用受控电压源的形式来反映相邻模块热耦合作用带来的温升。以 A 相为例,对应的热路模型如图 2-8(e)所示。

将图 2-6(c)所示的不同控制策略下各个功率器件的损耗施加到所建立的三维 CTC 模型中,得到功率器件的结点温度变化情况如图 2-9 所示,其中 T_{jS_1}、T_{jS_2}、T_{jD_1} 和 T_{jD_2} 分别为功率器件 S$_1$、S$_2$、D$_1$ 和 D$_2$ 的结点温度。

图 2-9(a)所示为 VCC 策略下 A 相功率器件的热应力分布,相比于有限元模型来说,此时最大稳态误差仅为 1.73%,从而验证了所建模型的有效性。同

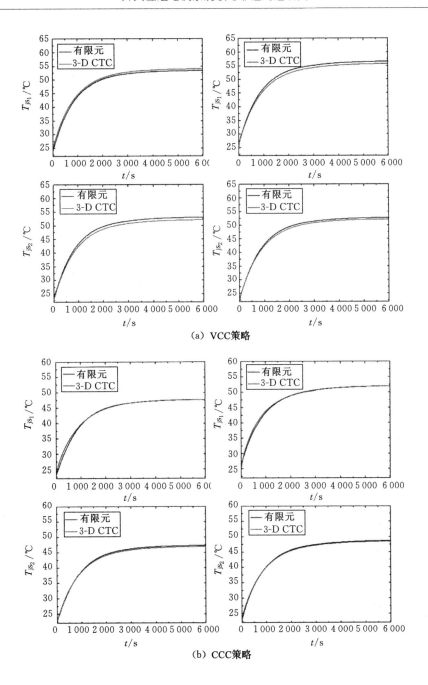

（a）VCC策略

（b）CCC策略

图 2-9 有限元模型和三维 CTC 模型预计的 T_j 对比

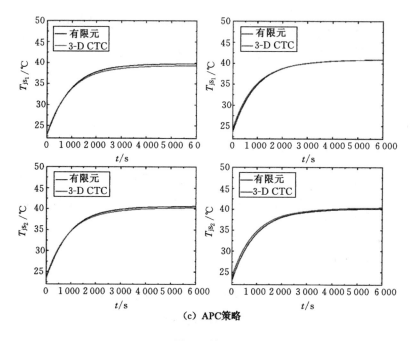

(c) APC策略

图 2-9(续)

时虽然 P_{S_1} 明显大于 P_{S_2},但是 T_{jS_2} 的稳态值几乎等于 T_{jS_1},因此可以看出所建模型能够有效地表示热耦合作用对结点温度预计的影响。当 CCC 控制策略实施时,由于变换器整体产生的损耗减小,因此 T_j 的升高程度明显小于 VCC 控制策略,如图 2-9(b)所示。当 SRM 系统运行 APC 策略时,由于上管和下管的驱动信号相同,使上管和下管及上二极管和下二极管的损耗相同,因此相比于 VCC 和 CCC 控制策略来说,结点温度的分布更加均衡。同时由于开关频率明显小于 VCC 和 CCC 策略,因此 T_j 明显更低,如图 2-9(c)所示。获得热应力后,可以结合表 2-3 得到不同运行条件下的失效率,从而能够实现系统级可靠性的定量计算。

2.4 系统级可靠性评估

2.4.1 静态可靠性分析

在不采用冗余策略时,SRM 系统的 k-out-of-n:G 模型可以被认为是 1-out-of-1:G 模型,如图 2-10(a)所示。当实施静态可靠性分析时,认为任意故障都会导致系统失效,因此此时 SRM、功率变换器和检测环节的 Markov 模型只包含两个状态:正常运行状态(normal operation state,NOS)和最终失效状态(final failure state,FFS)。依据式(2-1)可计算得到静态可靠度 $R_\mathrm{S}(t)$,如式(2-23)所示。

$$R_\mathrm{S}(t) = R_\mathrm{SRM}(t) \cdot R_\mathrm{DT}(t) \cdot R_\mathrm{PC}(t) = \mathrm{e}^{-\lambda_\mathrm{eq}t} = \mathrm{e}^{-\sum\limits_{i=1}^{N_1}\lambda_i t} \qquad (2\text{-}23)$$

式中,N_1 为 SRM 系统可能发生的故障数目;λ_eq 是系统等效失效率,等于所有可能故障导致系统失效率的累加。

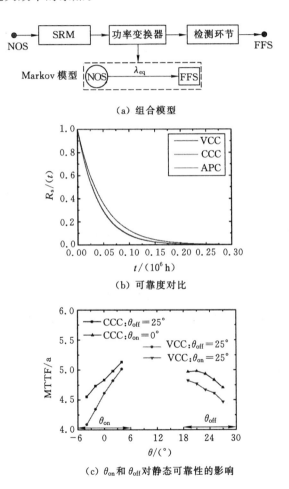

(a) 组合模型

(b) 可靠度对比

(c) θ_on 和 θ_off 对静态可靠性的影响

图 2-10　不同控制策略下静态可靠性分析

结合表 2-3 的失效率值和图 2-9 的 T_j,可以计算得到不同控制策略下 SRM 系统的可靠度,如式(2-24)所示。

$$\begin{cases} R_{SV}(t) = e^{-24.76t} \\ R_{SC}(t) = e^{-23.73t} \\ R_{SA}(t) = e^{-20.67t} \end{cases} \tag{2-24}$$

式中,$R_{SV}(t)$、$R_{SC}(t)$ 和 $R_{SA}(t)$ 分别为 SRM 系统在 VCC、CCC 和 APC 策略下的静态可靠度。

图 2-10(b)对比了 $R_{SV}(t)$、$R_{SC}(t)$ 和 $R_{SA}(t)$ 的值,表明 SRM 系统在 APC 策略下拥有最高的可靠性,这主要是由于 APC 策略下系统承受较小的电热应力,因此 APC 策略的实施范围应该被拓宽。在 VCC 和 CCC 策略实施时,θ_{on} 和 θ_{off} 是两个重要的控制参数。以 CCC 策略为例,本书分析了 θ_{on} 和 θ_{off} 对 SRM 系统级可靠性的影响,然后从可靠性的角度给出了 θ_{on} 和 θ_{off} 的选取原则。当 θ_{off} 等于 25°,θ_{on} 逐渐减小时,各相导通区间延长,导通损耗增加。同时开关次数增多,因此开关损耗也增加,进而导致各个器件总损耗的增加和 T_j 的上升,最终使静态可靠度降低,对应的 MTTF 减小,如图 2-10(c)所示。而当 θ_{on} 逐渐增大时,MTTF 增大,可靠性获得提高。同理,当 θ_{on} 等于 0°,θ_{off} 减小时,导通区间缩短使器件损耗和 T_j 减小,因此可靠性得到增强。同时从图 2-10(c)中可以看出,虽然 VCC 策略实施时不需要电流传感器,降低了系统的故障率,但是 VCC 策略下功率器件高额的电热应力使 SRM 系统的静态可靠度明显小于需要电流传感器的 CCC 策略下 SRM 系统的静态可靠度,因此从可靠性的角度来说,即使 CCC 策略增加了系统必需元器件的数目,低速运行时也应该选择 CCC 策略而不是 VCC 策略。值得说明的是,由于可靠性框图模型和故障树模型均会认为 SRM、功率变换器和检测环节的任意故障会导致系统失效,因此采用所建模型计算得到的静态可靠度与可靠性框图模型和故障树模型相同。

2.4.2 动态可靠性分析

为了区别于静态可靠度 $R_S(t)$,SRM 系统的动态可靠度用 $R_D(t)$ 来表示。在不考虑冗余的情况下,组合模型中的 k-out-of-n:G 子模型与图 2-10(a)相同,因此此时可以直接依据式(2-1)来计算 $R_D(t)$。但是由于 SRM 系统强大的容错能力,SRM、功率变换器和检测环节的 Markov 模型除了 NOS 和 FFS 状态外,还有带故障运行下的存活状态。

为了定量确定不同故障下的运行状态是失效还是存活,首先需要依据 SRM 系统运行场合的要求制定失效判别标准。本书制定失效判别标准时主要考虑系统运行的稳定性和安全性。在 SRM 系统中,通常采用转矩脉动来判别系统运行是否稳定,但是转矩脉动通常需要昂贵的瞬态转矩传感器进行测量,这无疑会增加可靠性的评估成本[183]。依据机械方程,转矩脉动和转速波动(γ)直接相关,而γ可以直接通过计算得到,如式(2-25)所示,从而不会增加可靠性评估的复杂度及成本。

$$\gamma = \frac{n_{\max} - n_{\min}}{n^*} \qquad (2\text{-}25)$$

式中,$n_{\max}$和$n_{\min}$分别是稳态运行下的最大和最小转速。

系统运行的安全性通常通过限制过电压或者过电流进行保证,考虑到 SRM 系统为恒定的直流母线电压供电,同时功率器件漏极和源极之间的电容能够很好地防止过电压,因此 SRM 系统的安全运行可以直接采用限制相电流峰值(i_p)来实现,式(2-26)所示。

$$i_p = \max(i_a, i_b, i_c, i_d) \qquad (2\text{-}26)$$

式中,i_a、i_b、i_c和i_d分别为 A 相、B 相、C 相和 D 相的实际电流。

考虑到所用样机的运行特性,本书制定的失效判别标准如下:如果γ超过 10%或者i_p大于 30 A 或者有三级以上故障发生,SRM 系统被认为失效;否则认为 SRM 系统处于存活状态。

完成失效判别标准设定后,需要进行故障模式分析和故障仿真,进而可以定量验证失效判别标准是否被触发。值得注意的是,当系统发生电源直通故障或失去能量泄放通道时,会明显产生过高的电流,直接使 SRM 系统失效,此类故障包括电容短路和二极管故障,即 SC、SUD、OUD、SLD 和 OLD。转子检测装置用的编码器故障后,系统无法根据位置信号实现正确地换相,因此也可以认为SRM 系统失效。对于电流传感器的故障,ZCS 和 CCS 故障均会使系统发生过电流故障,造成转速波动过大而使系统失效,而在 GCS 故障发生后,由于增益程度有限,因此认为系统存活。当其他故障发生后,需要将其注入 SRM 系统的仿真模型,定量求解γ和i_p,然后结合失效判别标准,判定系统的运行状态。以 CCC 策略下上管故障为例进行说明,当 A 相 OUM 故障发生时,i_a迅速减小到零,健康相电流幅值增大,转速波动程度明显增加,但是此时γ为 4.72%,i_p为 11.83 A,因此不会触发失效判别标准,SRM 系统可以被认为处于存活状态,如图 2-11(a)所示。而当 SUM 故障发生后,γ和i_p分别增加到 6.29%和 25.21 A,同样不会触发失效判别标准,因此系统也处于存活状态,如图 2-11(b)所示。按照上述过程,完成一级和二级故障注入后,可以得到 SRM 系统在不同故障下完整的运行状态,进而能够建立 Markov 模型。以功率变换器为例,将γ和i_p随不同故障的变化情况总结如表 2-6 所示。其中,一级和二级故障发生的顺序不影响γ和i_p的计算以及 SRM 系统运行状态的判定。

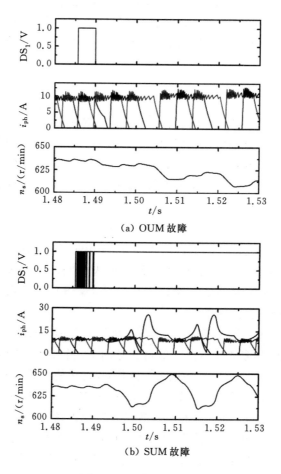

（a）OUM 故障

（b）SUM 故障

图 2-11　上管故障仿真

表 2-6　CCC 策略下 γ 和 i_p 随不同故障的变化情况

一级故障	二级故障	$\gamma/\%$	i_p/A	状态
OC	—	2.12	10.84	存活
OM	—	4.72	11.83	存活
SUM	—	6.29	25.21	存活
SLM	—	5.64	19.35	存活
OC	OM	4.72	11.83	存活
OC	SUM	6.29	25.21	存活
OC	SLM	5.64	19.35	存活

表 2-6(续)

一级故障	二级故障	$\gamma/\%$	i_p/A	状态
OM	OM	11.85	15.23	失效
OM	SUM	12.38	26.16	失效
OM	SLM	10.95	21.38	失效
SUM	SUM	13.28	30.33	失效
SUM	SLM	12.21	25.32	失效
SLM	SLM	10.52	20.03	失效

　　模型建立时,从正常运行 NOS 状态开始,若系统能够在一级故障下存活,则该故障对应的状态为存活状态,否则为失效状态;然后在一级故障后的存活状态下,注入二级故障;相同地,如系统存活则进入对应故障下的存活状态,否则为失效状态;如三级故障发生,则直接进入最终失效 FFS 状态。按照上述原则,在 CCC 策略下,可以依次建立 SRM、检测环节和功率变换器的 Markov 模型,分别如图 2-12(a)、(b)和(c)所示,其中圆圈表示存活状态,正方形表示失效状态,λ_k 表示进入状态 k 的概率。同时将对应的状态符号总结如表 2-7 所示。

表 2-7　CCC 策略下 Markov 模型状态符号含义

符号	状态	符号	状态	符号	状态	符号	状态
A_1	OW	A_8	SUM	B_5	SW	B_{12}	失效
A_2	SW	A_9	SLM	B_6	失效	B_{13}	OC
A_3	失效	A_{10}	失效	B_7	GCS	B_{14}	失效
A_4	GCS	B_1	OW	B_8	失效	B_{15}	OC
A_5	失效	B_2	SW	B_9	OM	B_{16}	失效
A_6	OC	B_3	失效	B_{10}	SUM	B_{17}	OC
A_7	OM	B_4	OW	B_{11}	SLM	B_{18}	失效

　　由于 OUM 和 OLM 故障发生后,系统的运行情况相同,因此为了方便说明和减少状态数,将 OUM 和 OLM 故障统称为 OM 故障。以功率变换器的 Markov 模型为例进行详细说明,依据表 2-6 所示,当 OC 故障发生后,系统能够继续运行,因此进入存活状态 A_6;在 A_6 的基础上,注入二级 OM、SUM 和 SLM 故障时,故障失效判别标准依然没有被触发,因此进入存活状态 B_9、B_{10} 和 B_{11},而在二极管故障发生后,直接认为系统失效,进入失效状态 B_{12};当三级故障发生后,$B_9\sim B_{11}$ 状态均进入 FFS 状态。接下来,需要确定 λ_k。当进入存活状态时,λ_k 等于对应故障使系统失效的概率。例如 λ_{A_6} 代表从 NOS 进入 A_6 的概率,而 A_6

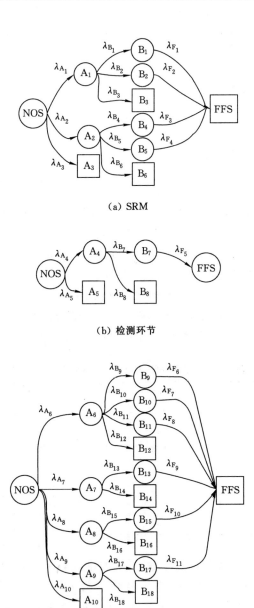

（a）SRM

（b）检测环节

（c）功率变换器

图 2-12　SRM 系统不同环节的 Markov 模型

是 OC 故障,因此 λ_{A_6} 等于 λ_{OC}。当进入失效状态时,对应的 λ_k 等于该状态对应故障概率的累加和。例如 $\lambda_{A_{10}}$ 代表从 NOS 进入 A_{10} 的概率,而 SC、OUD、SUD、OLD 和 SLD 故障均能使系统进入 A_{10} 状态,因此 $\lambda_{A_{10}}$ 如式(2-27)所示。

$$\lambda_{A_{10}} = \lambda_{SC} + 4(\lambda_{OUD} + \lambda_{SUD} + \lambda_{OLD} + \lambda_{SLD}) \tag{2-27}$$

确定 λ_k 后,可以直接用来生成平均状态转移率矩阵 $\boldsymbol{\Phi}$。其中,$\boldsymbol{\Phi}$ 的维数等于 Markov 模型的状态数,因此 SRM 的 Markov 模型对应的 $\boldsymbol{\Phi}$ 为 11 维矩阵,检测环节 Markov 模型对应的 $\boldsymbol{\Phi}$ 为 6 维矩阵,功率变换器 Markov 模型对应的 $\boldsymbol{\Phi}$ 为 17 维矩阵。以最复杂的功率变换器的 Markov 模型为例进行说明,将 NOS 状态编号为 1,则 $A_6 \sim A_{10}$ 状态编号为 $2 \sim 6$,$B_9 \sim B_{18}$ 状态编号为 $7 \sim 16$,FFS 状态编号为 17。在此基础上,$\boldsymbol{\Phi}$ 中元素等于对应的转移率,例如 $\varphi_{1(2)}$ 代表从 NOS 到 A_6 的转移率,等于 λ_{A_6}。最后结合表 2-3 的失效率值和图 2-9(b)的 T_j,可以得到 CCC 控制策略下 $R_{SRM}(t)$、$R_{DT}(t)$ 和 $R_{PC}(t)$ 分别如式(2-28)~式(2-30)所示。

$$R_{SRM}(t) = e^{-1.08t} \tag{2-28}$$

$$R_{DT}(t) = 0.33e^{-4.08t} + 0.67e^{-3.20t} \tag{2-29}$$

$$R_{PC}(t) = 3.19e^{-15.01t} + 0.84e^{-14.18t} + 0.56e^{-12.10t} - 5.05e^{-18.22t} +$$
$$4.81e^{-17.09t} - 3.35e^{-16.14t} \tag{2-30}$$

接下来,依据式(2-1)求解得到 CCC 控制策略下 SRM 系统的动态可靠度 $R_{DC}(t)$,如式(2-31)所示。

$$R_{DC}(t) = 1.06e^{-20.17t} + 0.28e^{-19.34t} + 0.19e^{-17.26t} - 1.68e^{-23.38t} +$$
$$1.60e^{-22.25t} - 1.12e^{-21.30t} + 2.13e^{-19.29t} + 0.56e^{-18.46t} +$$
$$0.37e^{-16.38t} - 3.37e^{-22.50t} + 3.21e^{21.37t} - 2.23e^{-20.42t} \tag{2-31}$$

在 VCC 和 APC 策略下,由于 SRM 系统的基本运行不需要电流传感器,位置传感器故障会导致检测环节直接失效,因此检测环节的 Markov 模型与静态可靠性分析时相同,而 SRM 和功率变换器的 Markov 模型与 CCC 策略下相同,分别如图 2-12(a)和(c)所示。此时 VCC 和 APC 策略下 SRM 系统的动态可靠度 $R_{DV}(t)$ 和 $R_{DA}(t)$ 分别如式(2-32)和式(2-33)所示。

$$R_{DV}(t) = 0.84e^{-18.89t} + 0.55e^{-16.81t} - 5.04e^{-23.33t} + 4.81e^{-22.10t} -$$
$$3.35e^{-21.25t} + 3.19e^{-20.02t} \tag{2-32}$$

$$R_{DA}(t) = 4.80e^{-18.24t} - 5.05e^{-19.19t} - 3.36e^{-17.11t} + 3.19e^{-16.16t} +$$
$$0.85e^{-15.79t} + 0.56e^{-13.71t} \tag{2-33}$$

将 $R_{DV}(t)$、$R_{DC}(t)$ 和 $R_{DA}(t)$ 绘制于图 2-13(a),表明 APC 策略下 SRM 系统依然具有最高的可靠性,同时 $R_{DC}(t)$ 明显高于 $R_{DV}(t)$,因此低速时应该选择 CCC 策略。

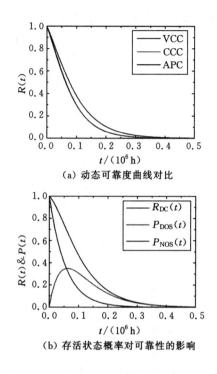

（a）动态可靠度曲线对比

（b）存活状态概率对可靠性的影响

图 2-13　动态可靠性评估结果

上述动态可靠性评估结果出现的原因解释如下：在额定转矩和基速下，从 SRM 和功率变换器的 Markov 模型中可以看出，不同控制策略下能够反映容错能力的存活状态数目相同。在 APC 策略下，SRM 系统承受的电热应力最低，因此其具有最高的可靠性。随着转速的降低，SUM 故障发生后 i_p 会快速增大触发失效判别标准。对于 VCC 和 CCC 策略来说，仅 SUM 故障下的运行状态转为失效状态，对于 APC 策略来说，SUM 和 SLM 故障下的运行状态均变为失效状态，因此此时 VCC 和 CCC 策略的容错能力强于 APC 策略，从而拥有更多的存活状态数目和更大的可靠性增加幅度。为说明容错能力对系统可靠性定量提高的影响，将处于 NOS 状态的概率 $P_{NOS}(t)$、处于带故障运行存活状态的概率 $P_{DOS}(t)$ 和 $R_{DC}(t)$ 在图 2-13(b) 中进行对比，表明 $P_{DOS}(t)$ 的存在是系统可靠性增长的关键因素，从而从理论上解释了容错能力对可靠性提高的影响机理。既然可靠性框图模型和故障树模型的评估结果与图 2-10(a) 所示相同，而所提模型进行动态可靠性分析时能够充分考虑容错能力对可靠性的影响，因此相比于可靠性框图模型和故障树模型，所提模型会明显增强评估精度。

2.5 冗余策略带来的可靠性问题

2.5.1 组合模型

虽然 SRM 系统具有很强的容错能力,但是当故障发生后系统的性能会明显退化,从而无法满足一些高可靠性要求的特殊场合。幸运的是,冗余策略能够增强系统的可靠性,尤其是故障条件下不会使系统的运行性能退化。通常来说冗余策略的有效性会随着冗余等级的提高而增强,但是冗余等级的提高会带来额外成本的快速增加,因此找到可靠性和成本之间的平衡点,获取最优的冗余等级是非常值得探索的。本书将所提出的组合模型用来评估不同冗余策略下 SRM 系统的可靠性,进而定量获得最优的冗余等级。

对于 SRM 系统的必要组成环节 SRM、检测环节和功率变换器来说,每一部分冗余都会使系统的可靠性获得提高,但是提高的效果明显不同,如式(2-2)～式(2-4)所示。当建立不同冗余策略下 SRM 系统的可靠性模型时,冗余部分是特殊的 k-out-of-n:G 模型,即 1-out-of-N:G 模型,其中 N 为冗余等级,也就是说任意一个环节能够正常工作,则冗余部分存活。而非冗余部分还保持 1-out-of-1:G 模型。按照上述建模原则,以功率变换器作为冗余部分为例,其对应的 k-out-of-n:G 模型如图 2-14 所示。按照 k-out-of-n:G 模型的求解原则,可以依据式(2-4),求解得到 SRM 系统的可靠度 $R_{\text{PC\_N}}(t)$。

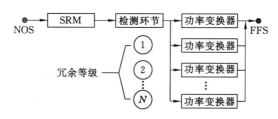

图 2-14 功率变换器冗余策略下 SRM 系统的 k-out-of-n:G 模型

2.5.2 结果分析

在 CCC 策略下,将由 Markov 模型获得的 $R_{\text{SRM}}(t)$、$R_{\text{DT}}(t)$ 和 $R_{\text{PC}}(t)$ 代入式(2-4)计算得到 $R_{\text{PC\_N}}(t)$,其结果如图 2-15(a)所示。

从图中可以明显看出,随着冗余等级的增加,可靠性的增强幅度明显降低。

为了获得最优的冗余等级,图 2-15(b)给出了不同控制策略和冗余部分组

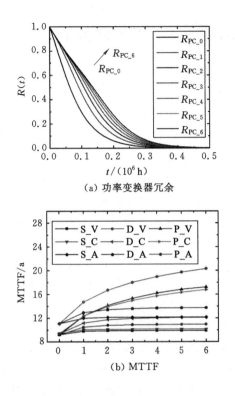

（a）功率变换器冗余

（b）MTTF

图 2-15　不同冗余等级下 SRM 系统可靠性评估结果

合下 SRM 系统的 MTTF。其中 VCC 策略下,SRM 冗余、检测环节冗余和功率变换器冗余下的 MTTF 分别用符号 S_V、D_V 和 P_V 表示;CCC 策略下,SRM冗余、检测环节冗余和功率变换器冗余下的 MTTF 分别用符号 S_C、D_C 和 P_C 表示;APC 策略下,SRM 冗余、检测环节冗余和功率变换器冗余下的 MTTF分别用符号 S_A、D_A 和 P_A 表示。从图中可以看出,相比于 SRM 和检测环节,功率变换器对增强可靠性是更有效的环节,这也从侧面说明了功率变换器是SRM 系统中最薄弱的环节。定义选择因子(ε)来确定最优的冗余等级,如式(2-34)所示。

$$\varepsilon = \frac{MTTF_N - MTTF_{N-1}}{MTTF_{N-1}} \tag{2-34}$$

式中,$MTTF_N$ 和 $MTTF_{N-1}$ 分别是 N 级和 $N-1$ 级冗余下 SRM 系统的 MTTF。

若定义 ε 小于 5% 时,可靠性提高所需的成本不在理想范围内,可以得到SRM、检测环节和功率变换器的最优冗余等级不受控制策略的影响,分别为 1、1和 3。此时采用选取的功率变换器最优冗余等级提高 SRM 系统可靠性,在

VCC、CCC 和 APC 策略下 SRM 系统可靠性的增强幅度分别为 66.92%、60.19% 和 62.55%。

2.6 双边直线开关磁阻发电机的可靠性问题

2.6.1 双边直线开关磁阻发电机

为了验证所提可靠性评估方法的普遍适用性,本书将所提出的系统级可靠性评估模型应用到双边直线开关磁阻发电机(double-sided linear switched reluctance generator,DLSRG)系统。相比于传统单边直线开关磁阻发电机来说,DLSRG 能够消除电机运行过程中的单边径向磁拉力,增强系统的容错能力。DLSRG 的可靠性评估能够揭示系统最薄弱的环节,从而有助于选取最有效的措施保证系统的可靠运行。因此本书进行 DLSRG 系统级可靠性评估的初始探究。值得说明的是,本节只验证模型的普适性,而后续章节的内容均基于旋转电机。

本节选用一个三相 6/4 结构的 DLSRG 作为样机,进行系统级的可靠性评估和分析,其几何结构如图 2-16(a) 所示。对应的 DLSRG 的主要参数如表 2-8 所示。与旋转 SRM 类似,DLSRG 有三种常用的控制策略:VCC、CCC 和动子位置控制(mover position control,MPC),其中 MPC 以其易实施、经济性和高效性受到了广泛的关注,因此本书进行 MPC 策略下 DLSRG 系统的可靠性评估。为了保证 DLSRG 的可控性和容错能力,同样选用 AHBPC 作为驱动拓扑来实施他励发电模式和 MPC 策略,如图 2-16(b) 所示。以 B 相为例,将开通位置(x_{on})和关断位置(x_{off})分别设置在电感上升区和电感下降区。当动子位置(x_m)在 x_{on} 和 x_{off} 之间时,将 DS_3 和 DS_4 置为高电平用来驱动功率器件 S_3 和 S_4 给 B 相绕组励磁,此时 DLSRG 系统将电能和机械能转化为绕组储能。当 x_m 位于 x_{off} 和零电流位置(x_z)之间时,关断 S_3 和 S_4,此时绕组储能经 VD_3 和 VD_4 泄放给电容 C_2 充电,从而产生发电电压(U_g),如图 2-16(c) 所示。

表 2-8　DLSRG 的主要参数

参数	值	参数	值
定子极距	40.0 mm	动子槽宽	36.5 mm
动子极距	60.0 mm	气隙	0.5 mm
定子极宽	21.5 mm	每相匝数	160 匝
动子极宽	23.5 mm	额定励磁电压	60 V
定子槽宽	18.5 mm	额定电流	5 A

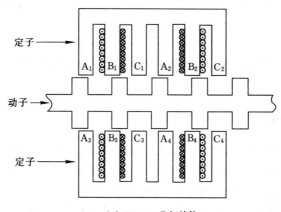

（a）DLSRG几何结构

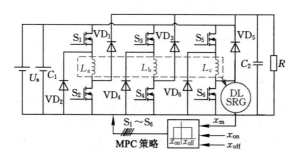

（b）功率变换器他励发电拓扑

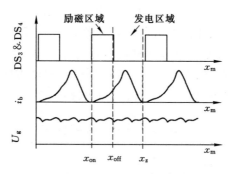

（c）MPC策略下运行波形

图 2-16 DLSRG 系统的工作原理与运行波形

2.6.2 失效判别标准

依据图 2-4 所提出的系统级可靠性建模方法,首先厘清 DLSRG 系统各组成环节的可靠性逻辑关系。和四相 8/6 样机相同,DLSRG 系统影响可靠性的主要组件为 DLSRG、检测环节和功率变换器。由于 MPC 策略实施的时候不需要电流传感器,因此检测环节仅包括位置传感器。不考虑冗余策略的情况下,DLSRG 系统的 k-out-of-n:G 模型也为特殊的 1-out-of-1:G 模型。

然后需要依据 DLSRG 的运行特性,制定失效判别标准。本书从发电能力和系统运行的稳定性出发制定失效判别标准。其中发电能力可以通过总的发电功率 P_g 进行衡量,如式(2-35)所示。

$$P_g = \frac{1}{T_{ph}} \left(\int_0^{T_{ph}} i_a u_a \, dt + \int_0^{T_{ph}} i_b u_b \, dt + \int_0^{T_{ph}} i_c u_c \, dt \right) \tag{2-35}$$

式中,u_a、u_b 和 u_c 分别为 A 相、B 相和 C 相的相电压。

但是 P_g 随运行条件的改变而改变,因此定义相对的发电能力衡量因子(γ_P),如式(2-36)所示。

$$\gamma_P = \frac{P_{gF}}{P_{gN}} \tag{2-36}$$

式中,P_{gF} 和 P_{gN} 分别为故障和正常情况下的 P_g。

正常运行时 γ_P 等于 1,故障后 γ_P 减小。同时,发电电压波动率(γ_U)可以直接用来衡量 DLSRG 系统运行的稳定性,如式(2-37)所示。

$$\gamma_U = \frac{U_{gmax} - U_{gmin}}{U_{gav}} \tag{2-37}$$

式中,U_{gmax}、U_{gmin} 和 U_{gav} 分别为最大、最小和平均的 U_g。

随着故障的发生,各相对称性被破坏,γ_U 逐渐增大。考虑到 DLSRG 的运行特性,设置的失效判别标准如下:当 γ_P 大于 0.2 且 γ_U 小于 1 时,DLSRG 系统处于存活状态;否则系统失效。

2.6.3 运行状态判定

完成失效判别标准制定后,需要进行故障模式分析,同时结合制定的失效判别标准,定量判定不同故障下 DLSRG 系统的运行状态。DLSRG 主要电气故障包括绕组开路(OW)和绕组短路(SW)。当 OW 故障发生后,DLSRG 处于缺相运行状态。当 SW 故障出现后,绕组有效匝数减少会影响 P_g,进而可能导致系统失效。虽然不同短路匝数会影响 P_g 的输出,但是影响趋势几乎相同,因此本书分析短路匝数为 20 匝时,SW 故障对系统的影响。检测环节主要是 OPS 和 SPS 故障,均会影响多相的正常运行,使 DLSRG 系统失效。对于 DLSRG 系统的功率变换器来说,由于存在两个电容 C_1 和 C_2,为了方便分析,依据相对位置关系,将电容 C_1 和 C_2 分别称为左电容(left capacitor,LC)和右电容(right capacitor,RC)。因此可能发生的故障包括 LC 开路(open circuit of LC,OLC)、LC 短路(short circuit of LC,SLC)、RC 开路(open circuit of RC,ORC)、RC 短路(short circuit of RC,SRC)、OUM、SUM、OLM 和 SLM。OLC 会使直流母线电压谐波增多,影响系统的运行性能。SLC 会使电源发生直通故障,系统直接失效。当 ORC 故障发生后,DLSRG 能够转变机械能和绕组储能为电能,但是电能会直接被负载电阻消耗,进而产生巨大的电压波动,如图 2-17(a)所示。对于 SRC、OUM、SUM、OLM 和 SLM 故障发生后 DLSRG 系统的运行情况需要依据仿真模型进行判断。

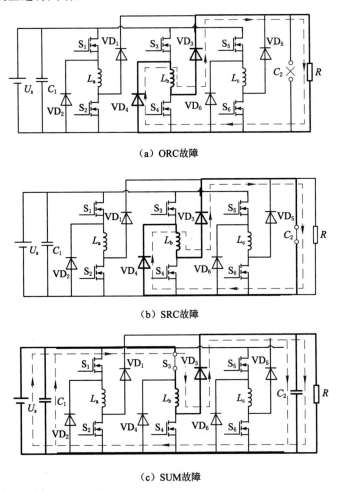

（a）ORC故障

（b）SRC故障

（c）SUM故障

图 2-17　DLSRG 系统故障下电流路径

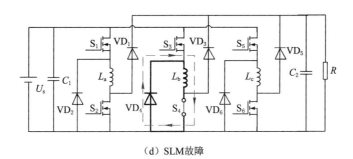

（d）SLM故障

图 2-17（续）

　　当 SRC 故障发生后,绕组储能经 VD_4、L_b、VD_3 和 RC 续流,U_g 为 0,可直接认为 DLSRG 系统失效,如图 2-17(b)所示。当 SUM 故障出现后,DLSRG 在励磁区间能够正常工作,但是在发电区间,SUM 使励磁通道和发电通道之间连接起来,因此 i_b 会明显增大,电流路径如图 2-17(c)所示。SLM 故障发生后,电流路径如图 2-17(d)所示,此时绕组储能无法转为发电能量,进而使 U_g 减少,波动增加。二极管故障 OUD、SUD、OLD 和 SLD 发生后,DLSRG 系统同样无法运行。综上所述,可将 DLSRG 系统的主要故障类型总结如表 2-9 所示。

表 2-9　DLSRG 系统主要故障类型

运行状态	故障类型
失效	SLC、OUD、SUD、OLD、SLD、OPS、SPS、SRC
未知	OLC、ORC、OUM、SUM、OLM、SLM、OW、SW

　　对于表 2-9 中未知运行状态的故障,需要建立 DLSRG 模型进行仿真,定量计算 γ_P 和 γ_U。正常运行时,左电容和右电容的容值分别为 1 000 μF 和 4 700 μF,x_{on} 和 x_{off} 分别被设置为 18 mm 和 42 mm,励磁电压 U_s 为 60 V,此时 B 相上管和下管的驱动信号 DS_3、DS_4、i_b 和 U_g 的仿真波形如图 2-18 所示。在行程开始阶段,U_g 逐渐增加到 31.2 V,而在行程结束阶段 U_g 逐渐减小到 0。同时可以看出在中间阶段 DLSRG 系统运行稳定,速度达到 1.2 m/s,此时 γ_P 和 γ_U 分别为 1.0 和 0.15。由于受实验条件限制,DLSRG 行程较短,但是行程中间阶段,DLSRG 系统运行稳定,因此选择中间阶段进行 DLSRG 系统不同故障下状态的判定。

　　图 2-19(a)所示为 ORC 故障下 i_{ph} 和 U_g 的波形。故障发生后,U_g 波动增加,但 i_{ph} 对称,对应的 γ_P 和 γ_U 分别为 0.98 和 0.52,DLSRG 系统存活。当 OUM 故

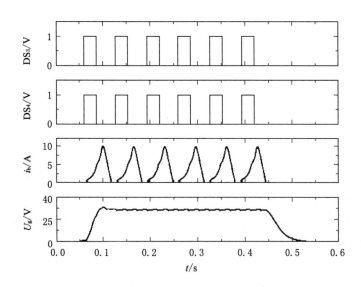

图 2-18   DLSRG 系统 MPC 策略下正常运行波形

障发生后,三相对称性被破坏,U_g 波动明显加大,如图 2-19(b)所示,但此时 γ_P 和 γ_U 分别是 0.65 和 0.86,系统存活。图 2-19(c)表明在 SUM 故障下 γ_P 和 γ_U 分别为 0.29 和 0.69,因此系统也处于存活状态。当 SLM 故障发生后,系统也处于存活状态,如图 2-19(d)所示。

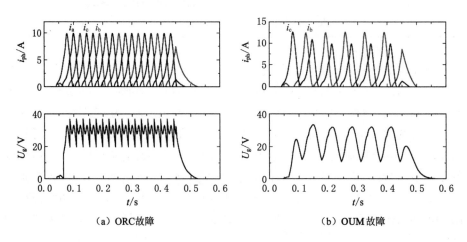

(a) ORC故障   (b) OUM故障

图 2-19   DLSRG 系统一级故障仿真

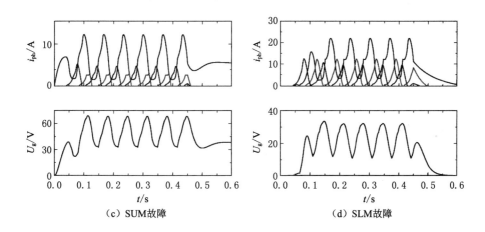

（c）SUM故障　　　　　　　　（d）SLM故障

图 2-19（续）

　　当 A 相和 B 相都发生 OUM 故障后，U_g 波动过大，将会导致系统失效，如图 2-20(a)所示。而当 A 相和 B 相均发生 SW 故障后，γ_U 仅仅为 0.17，因此 DLSRG 系统失效，如图 2-20(b)所示。

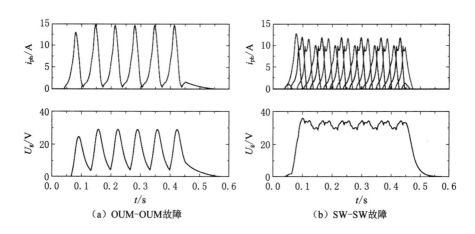

（a）OUM-OUM故障　　　　　　（b）SW-SW故障

图 2-20　DLSRG 系统二级故障仿真

　　按照上述方法，可以将表 2-9 中未知状态转化为确定的已知状态，如表 2-10 所示。

表 2-10　DLSRG 系统未知状态确定

状态	故障类型
失效	ORC-OM、ORC-SUM、ORC-SLM、OM-SUM、OM-SLM、SUM-SLM、OW-OW
存活	OLC、ORC、OM、SUM、SLM、OW、SW、OLC-ORC、OLC-OM、OLC-SUM、OLC-SLM、SUM-SUM、SW-OW、SW-SW

2.6.4　DLSRG 的系统级可靠性模型

不考虑冗余策略时,DLSRG 系统各组成环节任意失效则会造成系统失效,因此 k-out-of-n:G 模型与四相 SRM 样机系统相同,如图 2-10(a)所示。由于 MPC 策略下,各相上管和下管的驱动信号相同,因此其损耗分布与旋转电机 APC 策略相同,各管损耗分布基本相同,为了简化分析,可以设置各个功率管的温升相同。同时采用与四相 8/6 开关磁阻样机系统相同的功率器件和检测环节参数,因此对应的失效率可以直接采用表 2-3 所示的数值。当进行静态可靠性分析时,DLSRG 系统的等效失效率为所有故障导致系统失效率的累加和。当 T_a 为 22 ℃,结点温升为 30 ℃时,DLSRG 系统的静态可靠度 $R_{DS}(t)$ 如式(2-38)所示。

$$R_{DS}(t) = e^{-22.47t} \qquad (2-38)$$

依据前文所述的 Markov 模型建模原则,同时结合表 2-9 和表 2-10 运行状态的定量判定结果,可以依次建立 DLSRG、检测环节和功率变换器的 Markov 模型,如图 2-21 所示,对应的符号及状态如表 2-11 所示。

表 2-11　DLSRG 系统 Markov 模型的符号及状态

符号	状态	符号	状态	符号	状态	符号	状态
A_1	OW	A_8	SLM	B_6	ORC	B_{13}	OLC
A_2	SW	A_9	失效	B_7	OM	B_{14}	失效
A_3	失效	B_1	SW	B_8	SUM	B_{15}	OLC
A_4	OLC	B_2	失效	B_9	SLM	B_{16}	SUM
A_5	ORC	B_3	OW	B_{10}	失效	B_{17}	失效
A_6	OM	B_4	SW	B_{11}	OLC	B_{18}	OLC
A_7	SUM	B_5	失效	B_{12}	失效	B_{19}	失效

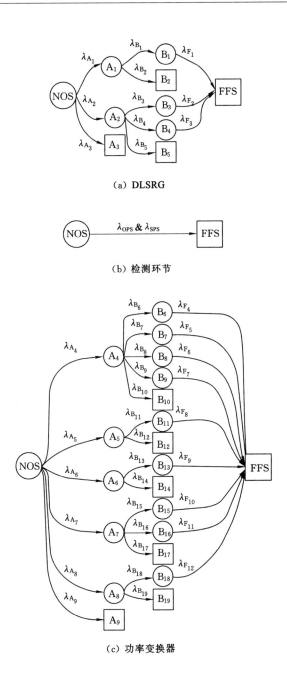

(a) DLSRG

(b) 检测环节

(c) 功率变换器

图 2-21　DLSRG 系统各环节 Markov 模型

按照 Markov 模型的求解过程，可以得到 DLSRG、检测环节和功率变换器的动态可靠度，分别如式(2-39)～式(2-41)所示。依据式(2-1)，可以进一步得到 DLSRG 系统的动态可靠度 $R_{DD1}(t)$，如式(2-42)所示。

$$R_{DLSRG}(t) = 0.25e^{-3.24t} + 0.75e^{-1.08t} \qquad (2-39)$$

$$R_{DT1}(t) = e^{-2.42t} \qquad (2-40)$$

$$R_{PC1}(t) = 2.39e^{-14.34t} - 1.15e^{-14.15t} - 2.57e^{-13.66t} - 2.03e^{-13.56t} - 8.24e^{-13.51t} + 9.10e^{-13.07t} + 1.91e^{-11.80t} + 1.50e^{-10.41t} + 0.069e^{-9.82t} \qquad (2-41)$$

$$R_{DD1}(t) = 0.60e^{-20.00t} - 0.29e^{-19.81t} - 0.65e^{-19.32t} - 0.51e^{-19.22t} - 2.06e^{-19.17t} + 2.28e^{-18.73t} + 0.48e^{-17.46t} + 0.38e^{-16.07t} + 0.02e^{-15.48t} + 1.79e^{-14.34t} - 0.86e^{-14.15t} - 1.93e^{-13.66t} - 1.52e^{-13.56t} - 6.18e^{-13.51t} + 6.83e^{-13.07t} + 1.43e^{-11.80t} + 1.13e^{-10.41t} + 0.05e^{-9.82t} \qquad (2-42)$$

式中，$R_{DLSRG}(t)$、$R_{DT1}(t)$ 和 $R_{PC1}(t)$ 分别为 DLSRG 系统中 DLSRG、检测环节和功率变换器的动态可靠度。

图 2-22(a)对比了 DLSRG 的静态可靠度和动态可靠度，由于对容错能力的充分考虑，增强了可靠性评估精度，从而使动态可靠度明显大于静态可靠度。图 2-22(b)分析了不同结点温度下 DLSRG 系统动态 MTTF 的变化情况，可以看出随着结点温度的升高，MTTF 增加趋势逐渐放缓，因此可以看出可靠性是非线性变化的函数，从而从侧面验证了可靠性评估模型的重要性。

综上分析可知，所提的系统级可靠性评估模型具有良好的普适性，能够为将来进行的可靠性、成本和效率等多目标优化奠定良好的基础。

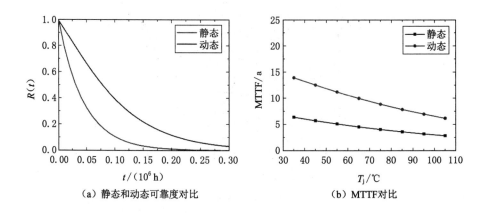

（a）静态和动态可靠度对比　　　　　　（b）MTTF对比

图 2-22　DLSRG 系统可靠性评估结果分析

2.7 实验验证

2.7.1 三维热路模型验证

通常情况下,如果通过实验平台直接测量可靠度,需要不可估量的时间和成本,因此通过验证热应力和容错能力间接验证系统可靠性已经成为电力电子系统可靠性验证的主要手段[108-115]。

为了定量地验证热应力和容错能力,本书首先搭建了四相 8/6 样机系统的测试平台。图 2-23(a)所示为样机平台,通过磁粉制动器模拟电机运行中的负载变化,同时安装增量式编码器进行实时位置的检测。图 2-23(b)所示为搭建的控制平台,其中选用高性能的 TMS320F28377D 作为控制器。采用霍尔电流传感器(LA100P)测量 i_{ph} 后通过 A/D 采样芯片(DAC8812)将模拟值转化为数字

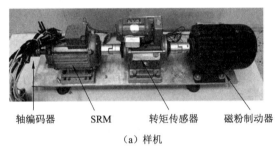

轴编码器　　SRM　　转矩传感器　　磁粉制动器

（a）样机

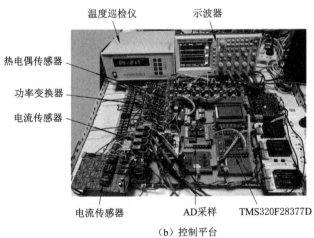

温度巡检仪　　　　示波器

热电偶传感器

功率变换器

电流传感器

电流传感器　　　　AD采样　　TMS320F28377D

（b）控制平台

图 2-23　四相 8/6 样机实验平台

量,进而可以得到 i_p。而转速计算时,将轴编码器输出的脉冲信号采用控制器中的增强型 EQEP 模块进行解码后,定量得到 n_{max} 和 n_{min},进而可以计算得到 γ。得到 i_p 和 γ 后,可以验证容错能力的判断是否正确。

当进行热应力的验证时,首先需要验证损耗计算的有效性。通过测量功率变换器的输入损耗(P_{in})和输出损耗(P_{out}),能够得到功率变换器的总损耗,如式(2-43)~式(2-45)所示。

$$P_{in} = \frac{1}{T_{ph}} \int_0^{T_{ph}} u_{dc} i_{bus} \mathrm{d}t \tag{2-43}$$

$$P_{out} = \frac{1}{T_{ph}} \int_0^{T_{ph}} (u_a i_a + u_b i_b + u_c i_c + u_d i_d) \mathrm{d}t \tag{2-44}$$

$$P_{total} = P_{in} - P_{out} \tag{2-45}$$

式中,P_{total}、u_{dc} 和 i_{dc} 分别为总损耗、母线电压和母线电流,其中,CCC 策略下 u_{dc} 和 i_{dc} 的测量对应的波形如图 2-24 所示。

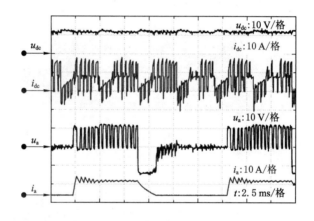

图 2-24 损耗测量波形

为了保证测量的准确性,采用 10 组测量数据的平均值作为最终的测量结果。在此基础上,可以得到不同控制策略下的损耗,如表 2-12 所示,此时最大误差为 4.38%。鉴于实验和仿真情况下器件电流和电压波形几乎相同,因此可认为器件损耗分布相同,从而可以验证损耗模型的有效性。

表 2-12 损耗测量结果对比

控制策略	运行条件	P_{total}/W	相对误差
CCC	仿真	15.96	4.14%
	实验	16.65	

表 2-12(续)

控制策略	运行条件	$P_{\text{total}}/\text{W}$	相对误差
VCC	仿真	19.40	4.38%
	实验	20.29	
APC	仿真	10.88	3.88%
	实验	11.32	

考虑到本书所采用的小功率器件无法直接测量 T_j,因此本书通过热电偶和温度巡检仪测量功率器件壳温(T_c)的方法计算得到 T_j,如式(2-46)所示。

$$T_j = T_c + R_{jc} \cdot P_k \qquad (2\text{-}46)$$

式中,P_k 为通过损耗模型计算得到的功率器件 k 的损耗。

查询功率器件手册可知,MOSFET 和二极管的结壳之间的热阻 R_{jc} 分别为 0.4 ℃/W 和 0.75 ℃/W。接下来,驱动 SRM 系统连续运行 6 000 s,得到不同控制策略下 T_j 的测量值,与三维 CTC 模型的对比结果如图 2-25 所示,可以看出此时 T_j 的最大稳态误差仅为 3.54%,因此可以验证所建三维 CTC 模型的有效性。在一台配备 Core i7 和 8G 内存的计算机上运行有限元模型和三维 CTC 模型,其计算时间分别为 3 120 s 和 28 s,因此本书所提的三维 CTC 模型能够实现快速的 T_j 预计,有助于加快可靠性评估速度。

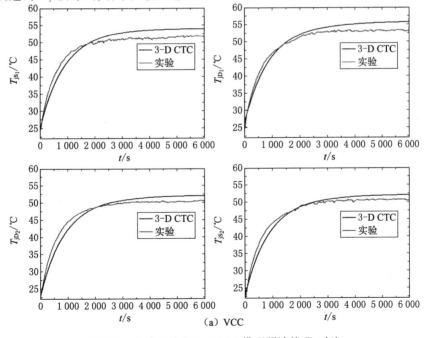

(a) VCC

图 2-25　实验测量和 3-D CTC 模型预计的 T_j 对比

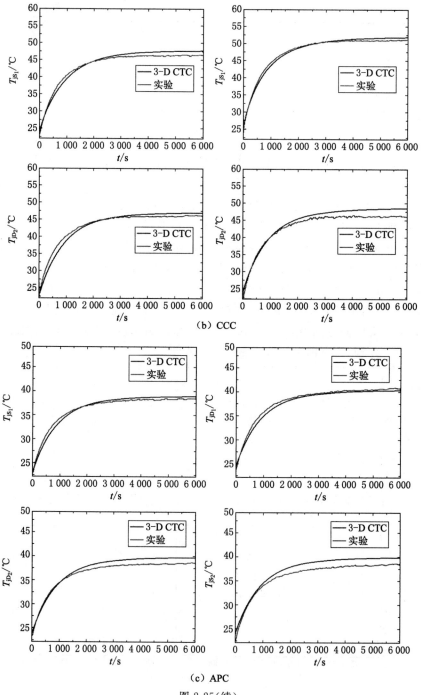

（b）CCC

（c）APC

图 2-25（续）

2.7.2　SRM 系统容错性能验证

同样以 CCC 策略为例,图 2-26(a)所示为 OUM 故障下 SRM 系统的运行情况。其中 $Flag_1$ 为故障标志。此时 γ 和 i_p 分别为 7.78% 和 12.16 A。由于机械振动的影响,γ 比仿真情况下的值大,但是依然满足存活条件的要求,因此 OUM 故障实验下运行状态与仿真情况一致。而 SUM 故障发生后,γ 小于 10%,i_p 达到 23.2 A,因此 SRM 系统处于存活状态,如图 2-26(b)所示。依据上述方法,可计算得到不同故障下 γ 和 i_p 的值,如表 2-13 所示。从表中可以看出,在相同故障下,在实验与仿真条件下 SRM 系统运行状态相同,从而验证了所建组合模型的有效性。

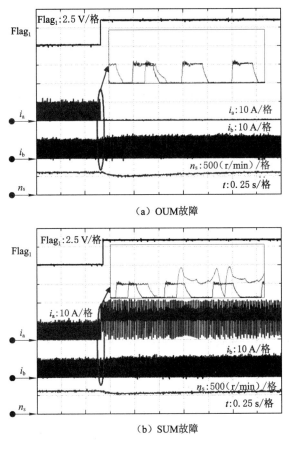

(a) OUM故障

(b) SUM故障

图 2-26　上管故障实验

表 2-13　实验条件下 γ 和 i_p 的变化情况

一级故障	二级故障	仿真		实验		状态
		$\gamma/\%$	i_p/A	$\gamma/\%$	i_p/A	
OC	—	2.12	10.84	2.19	10.73	存活
OM	—	4.72	11.83	7.78	12.16	存活
SUM	—	6.29	25.21	8.69	23.20	存活
SLM	—	5.64	19.35	7.58	18.35	存活
OC	OM	4.72	11.83	7.78	12.16	存活
OC	SUM	6.29	25.21	8.69	23.20	存活
OC	SLM	5.64	19.35	7.58	18.35	存活
OM	OM	11.85	15.23	15.25	16.35	失效
OM	SUM	12.38	26.16	14.52	25.23	失效
OM	SLM	10.95	21.38	11.18	19.63	失效
SUM	SUM	13.28	30.33	13.25	29.96	失效
SUM	SLM	12.21	25.32	10.52	14.32	失效
SLM	SLM	10.52	20.03	12.02	25.12	失效

　　完成模型验证后,将实验测量、有限元分析和三维 CTC 模型的结温预计结果用于进行 SRM 系统静态和动态的可靠性计算,得到 MTTF 如表 2-14 所示。其中,$\mathrm{MTTF_S}$ 和 $\mathrm{MTTF_D}$ 分别为 SRM 系统静态和动态可靠性分析下的 MTTF。可以看出用三维 CTC 模型的计算结果几乎与实验测量和有限元分析一致,因此可知所提的方法能够有效实现快速精确的可靠性评估。

表 2-14　不同结温预计方法下 MTTF 对比

控制策略	实验测量		有限元模型		三维 CTC 模型	
	$\mathrm{MTTF_S}$ /a	$\mathrm{MTTF_D}$ /a	$\mathrm{MTTF_S}$ /a	$\mathrm{MTTF_D}$ /a	$\mathrm{MTTF_S}$ /a	$\mathrm{MTTF_D}$ /a
VCC	4.74	9.49	4.59	9.12	4.61	9.19
CCC	4.92	9.61	4.81	9.40	4.83	9.41
APC	5.70	11.16	5.53	11.09	5.52	11.08

2.7.3　DLSRG 系统容错性能验证

　　图 2-27(a)所示为本书采用的 DLSRG 样机平台,其中一个直流电机被用来作为原动机,提供 DLSRG 发电所需的机械能,光栅尺用来实时检测 DLSRG 的动子位置。实验和仿真运行时保持相同的参数,由于 DLSRG 单行程仅为 380 mm,因此 n_s 的变化趋势类似正弦波形,如图 2-27(b)所示。图 2-27(c)表明中间

行程阶段时,速度较为平滑,因此本书选用中间行程时的 i_{ph}、u_a、u_b、u_c 和 U_g 去计算 γ_U 和 γ_P,进而实现系统运行状态的定量判定。

（a）DLSRG样机平台

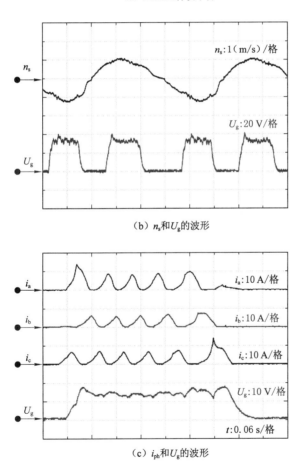

（b）n_s和U_g的波形

（c）i_{ph}和U_g的波形

图 2-27　DLSRG 样机平台及正常运行波形

图 2-28(a)所示为 ORC 故障下 DLSRG 系统的运行情况,由于能量缓冲电容的短路,而导致发出的电能直接被负载 R 消耗,进而产生较大的电压波动,但是此时 γ_U 不足以触发失效判别标准,因此运行状态与仿真相同。相似地,当 OUM 故障后,i_{ph} 和 U_g 的变化趋势与仿真运行时相同,此时 γ_U 和 γ_P 分别为 0.45 和 0.70,如图 2-28(b)所示。由于 SUM 故障破坏了励磁通道和发电通道的独立性,因此 SUM 故障相比于 SLM 故障,对 DLSRG 系统的影响更大,如图 2-28(c)和(d)所示。而当 A 相和 B 相同时发生 OUM 故障后,γ_U 达到 2,因此 DLSRG 系统失效,如图 2-28(e)所示。然而,当两相均发生 SW 故障后,γ_U 和 γ_P 分别为 0.65 和 0.94,均在允许的存活空间内,因此此时运行状态与仿真相同,如图 2-28(f)所示。

综上分析,仿真和实验条件下 DLSRG 系统在故障前后具有相同的运行状态,因此可以验证所建立系统级可靠性评估模型及可靠度计算结果的有效性。

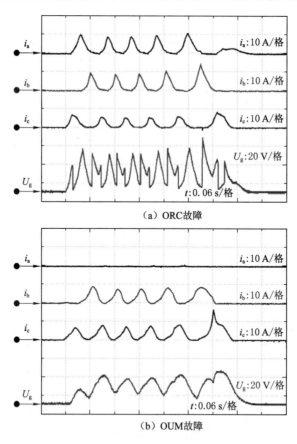

图 2-28　DLSRG 系统故障运行

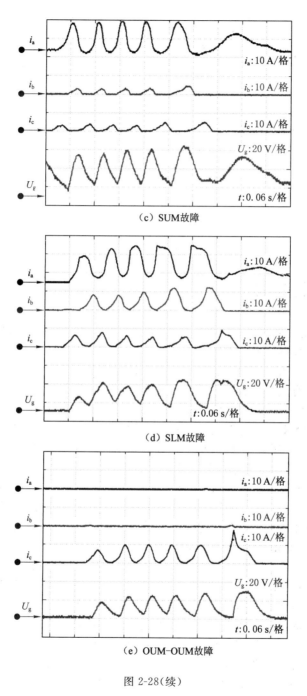

（c）SUM故障

（d）SLM故障

（e）OUM-OUM故障

图 2-28（续）

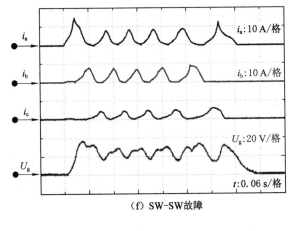

（f）SW-SW故障

图 2-28（续）

2.8　本章小结

　　SRM 系统可靠性评估有助于定量地选取最有效的可靠性提高方法，提升系统的安全运行性能。本书提出了一种 SRM 系统级可靠性评估方法，能够综合反映应用场合需求、元器件数目、热应力和容错能力对系统级可靠性的影响。同时所提方法具有良好的普适性。本章的主要内容总结如下：

　　（1）在器件级可靠性评估方面，为了保证功率器件结温的预计速度与精度，提出了适用于 SRM 系统常用不对称半桥功率变换器的三维热路模型建模方法，定量获取了常用电压斩波、电流斩波和角度位置控制策略下功率变换器的结温分布，实现了不同运行条件下元器件失效率的计算。

　　（2）在系统级可靠性方面，提出了基于 k-out-of-n:G 模型和 Markov 模型的系统级可靠性评估模型，分别建立了四相 8/6 开关磁阻电机系统和三相 6/4 双边直线开关磁阻发电机系统的系统级可靠性评估模型，实现静态可靠度和动态可靠度的计算，验证了模型的普适性。

　　（3）进行了不同控制参数和控制策略下四相 8/6 开关磁阻电机系统的可靠性分析，定量说明了相比于关断角，开通角是影响系统级可靠性更关键的因素。同时证明了延长角度位置控制策略的实施范围能够有效增强 SRM 系统的可靠性。虽然电流斩波控制策略的实施需要电流传感器，但是相比于电压斩波策略，电流斩波策略下开关磁阻电机系统仍然具有更高的可靠性。

　　（4）将所提出的系统级可靠性评估模型应用到了不同冗余策略下的开关磁阻电机系统，分析了不同冗余环节与冗余等级下系统的动态可靠性变化情况，确定了最优冗余等级，使可靠性的提高幅度达到 60% 以上。

3   SRM 系统检测环节可靠性问题研究

3.1   引言

近年来,SRM 系统以其结构简单、容错能力强和可控性高等特点在新能源发电及电动车应用领域受到了广泛的关注,但是 SRM 系统中各相独立,每一相需要一个传感器进行电流的检测。为了防止产生的负转矩降低系统的运行效率,通常情况下,同一时刻只有一相或两相处于工作状态,因此对于多相 SRM系统来说,至少会有两个电流传感器处于闲置状态,这种情况无疑会增加 SRM系统的成本、重量和体积,而这些因素是驱动电机选择的重要指标。因此,有必要探索采用更少数量的传感器对各相电流进行检测的方法,从而优化 SRM 系统的运行性能。

虽然文献[185-192]已经提出了多种有效的相电流检测方法,能够在减少传感器使用数目的同时保证相电流的检测精度,但是所提方法相比于传统的相电流检测方法会带来可靠性和适用性问题。首先,对于基于脉冲注入的方法,由于脉冲注入发生在导通区域,电流幅值较大,从而会产生过大的额外损耗和电热应力,降低系统的可靠性。其次,适用于特殊拓扑的相电流检测方法虽然能够缩短脉冲注入的区域,但是无法适用于不对称半桥功率变换器。因此,一种能够减少脉冲注入和适用于不对称半桥功率变换器的相电流检测方法是迫切需要的。

本章首先分析了现有相电流检测方法的运行原理,总结了使用电流传感器数目减少的相电流检测方法可能带来的可靠性问题;然后提出了一种基于两个传感器的相电流检测方法,并且给出了一种适用于整个相电流周期的解耦策略,在有效缩短脉冲注入区域和平衡温度分布的同时获取了精确的相电流信息;接下来,计算了不同电流检测方法下 SRM 系统的静态和动态可靠度,定量说明了所提方法对可靠性的提高效果;最后进行了仿真和实验分析,验证了所提方法和可靠性分析结果的有效性。

3.2　高可靠性相电流检测方法

3.2.1　常规的 *m*-sensor 方法

对于小功率开关磁阻电机来说,通常采用分离器件来搭建 AHBPC,其几何结构如图 3-1(a)所示。而由于 AHBPC 各相的独立性,每相需要一个传感器进行电流的检测,因此对于 m 相开关磁阻电机系统来说需要 m 个电流传感器,本书将该方法标记为 *m*-sensor 法。以四相 SRM 系统为例,电流传感器的安装位置如图 3-1(b)所示,此时 LEM_1、LEM_2、LEM_3 和 LEM_4 分别被用来测量 A 相、B 相、C 相和 D 相的电流,即各个电流传感器的测量值为对应相电流的值,如式(3-1)所示。

$$\begin{cases} i_a = i_{LEM_1} \\ i_b = i_{LEM_2} \\ i_c = i_{LEM_3} \\ i_d = i_{LEM_4} \end{cases} \tag{3-1}$$

式中,i_{LEM_i} 是第 i 个电流传感器的测量值。

（a）功率变换器几何结构

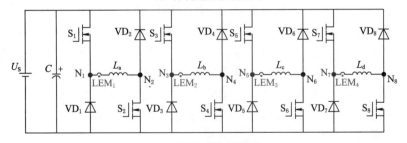

（b）电流传感器安装位置

图 3-1　*m*-sensor 方法实施原则

3.2.2　低成本的 one-sensor 方法

对于常用的 AHBPC 驱动的 SRM 系统,文献[185]首次提出了采用单个电流传感器进行三相 SRM 系统相电流检测的方法,本书将该方法标记为 one-sensor 方法。在此之后,文献[186]和[191]也相继提出了有效的 one-sensor 方法。现有的 one-sensor 方法都能够实现相电流的精确检测,但是均需要在两相共同导通的区间注入高频脉冲,强制改变上管和下管的驱动信号。这种高频驱动信号的注入毫无疑问会造成相电压的改变,可能会影响 SRM 系统的稳态和动态性能,同时会增加开关频率和损耗,影响系统的热分布和可靠性。而这些指标均是反映系统性能的重要因素,但是现在还没有相关的工作进行不同电流检测方法下 SRM 系统综合运行性能的对比,因而无法获取最优的相电流检测方法。本书以文献[185]提出的方法为例,将其应用到本书所采用的四相 SRM 样机系统中,对应的电流传感器的安装位置如图 3-2 所示。其中,将流过 LEM_1 的励磁总线电流值标记为 i_{bus},则各相电流与 i_{bus} 的关系如式(3-2)所示。

$$i_{bus} = DS_2 \cdot i_a + DS_4 \cdot i_b + DS_6 \cdot i_c + DS_8 \cdot i_d \tag{3-2}$$

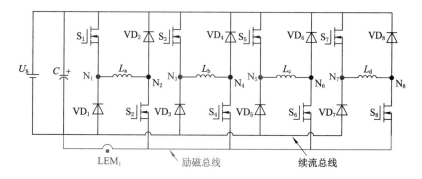

图 3-2　one-sensor 方法电流传感器安装位置

从式(3-2)可以看出,若只有一相位于导通区间,即在 A、B、C 和 D 区间,则对应相的相电流等于励磁总线电流 i_{bus}。以 A 相为例进行说明,若转子位于 A 区间,则 A 相的电流等于 i_{bus},如式(3-3)所示。

$$i_a = i_{bus} \tag{3-3}$$

当同时有两相位于导通区间时,即在 AB、BC、CD 和 DA 区间,此时 i_{bus} 同时包含两相电流的信息。以 AB 区间为例进行说明,此时 i_{bus} 同时包含 A 相和 B 相的电流信息,如式(3-4)所示。

$$i_{bus} = i_a + i_b \tag{3-4}$$

由式(3-4)可知,此时无法单独得到各相电流,需要依据文献[185]提出的解耦策略,进行 i_{bus} 的解耦,如图 3-3 所示。

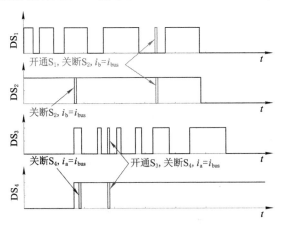

图 3-3　one-sensor 方法下共同导通区间解耦策略

当 A 相和 B 相共同励磁时,关断 S_2 使 A 相从励磁状态转化到零电压续流状态,如图 3-4(a)所示。此时,i_{bus} 只包含 B 相电流信息,如式(3-5)所示。

$$i_b = i_{bus} \tag{3-5}$$

完成 i_b 检测后,在下一个采样周期,关断 S_4 使 B 相从励磁状态转化到零电压续流状态,如图 3-4(b)所示。此时,i_{bus} 只包含 A 相电流信息,如式(3-6)所示。

$$i_a = i_{bus} \tag{3-6}$$

当 A 相位于励磁或零电压续流状态时,此时下管 S_2 开通。当 B 相处于零电压续流状态时,此时需要关断 S_4,同时开通 S_3,使 B 相从基于下管的零电压续流状态转化到基于上管的零电压续流状态,如图 3-4(b)所示,此时 i_{bus} 只包含 A 相电流信息,式(3-6)所示。为了有效检测 i_b,需要关断 S_2,开通 S_1,对应的电流路径如图 3-4(c)所示,此时 i_{bus} 等于 i_b,如式(3-5)所示。当 A 相零电压续流,B 相处于励磁状态或零电压续流状态时,为了检测 B 相电流,需要关断 S_2,开通 S_1,对应的电流路径如图 3-4(c)所示。此时 i_{bus} 仅包含 B 相电流信息,如式(3-5)所示,当检测 i_a 时,应该关断 S_4,同时开通 S_3,对应的电流路径如图 3-4(d)所示,此时 i_a 等于 i_{bus},如式(3-6)所示。

当解耦策略实施时,需要将部分励磁状态转化为零电压续流状态,如图 3-4(a)和(b)所示,进而会带来相电压的损失,影响 SRM 系统的运行性能。为了降低相电压损失带来的影响,解耦策略仅需在电流采样瞬间实施,其余区间开关状态保持不变。通常情况下为保持采样精度,采样频率至少在 10 kHz

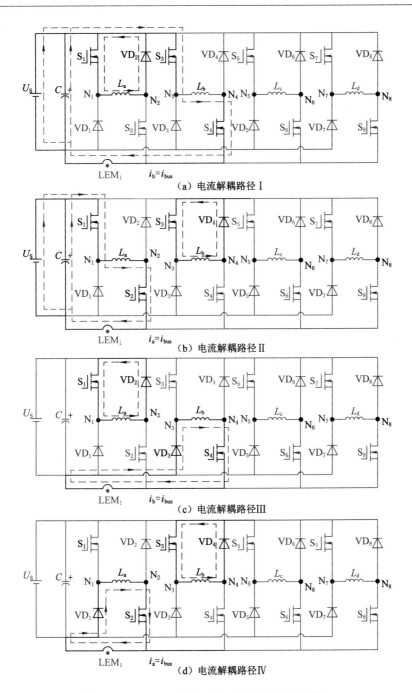

（a）电流解耦路径Ⅰ

（b）电流解耦路径Ⅱ

（c）电流解耦路径Ⅲ

（d）电流解耦路径Ⅳ

图 3-4　one-sensor 方法实施时解耦电流路径变化

以上,因此上述解耦策略实施时开关频率会明显增加,进而导致损耗和热应力的增加。同时由于励磁总线电流不包含续流区间的电流信息,因此无法获取完整的相电流信息。值得注意的是,one-sensor 方法需要将下母线分离为励磁总线和续流总线,增大了系统的体积,这很难满足一些高功率密度场合的应用要求。

3.2.3 提出的 two-sensor 方法

为了克服现有方法存在的不足,本书提出了一种基于两个传感器的相电流检测方法,将其标记为 two-sensor 方法。在所提出的 two-sensor 方法实施时,可以避免励磁总线和续流总线的分离,降低额外的开关频率,同时能够精确地得到完整的相电流信息。图 3-5 所示为所提方法下两个电流传感器的安装位置。其中,LEM_1 和 LEM_2 被分别安装在下直流母线和上直流母线的中间位置。从图中可以看出此时无须分离励磁总线和续流总线,但是各相绕组与功率变换器的连接方式需要改变,A 相绕组分别连接在 N_1 和 N_6 结点,B 相绕组分别连接在 N_2 和 N_5 结点,C 相绕组分别连接在 N_3 和 N_8 结点,D 相绕组连接在 N_4 和 N_7 结点。

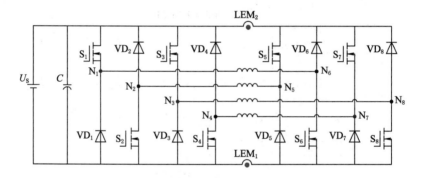

图 3-5 提出的 two-sensor 方法下电流传感器的安装位置

当功率器件 VD_5,S_6,VD_7 或 S_8 导通时,i_a 和 i_c 正向流过 LEM_1,i_b 和 i_d 反向流过 LEM_1,此时 LEM_1 的测量值(i_1)与对应驱动信号和相电流的关系如式(3-7)所示。

$$i_1 = DS_6 \cdot i_a - \overline{DS_5} \cdot i_b + DS_8 \cdot i_c - \overline{DS_7} \cdot i_d \qquad (3-7)$$

当功率器件 S_5,VD_6,S_7 或 VD_8 导通时,i_a 和 i_c 反向流过 LEM_2,i_b 和 i_d 正向流过 LEM_2,此时 LEM_2 的测量值(i_2)与驱动信号和相电流的关系如式(3-8)所示。

$$i_2 = -\overline{DS_6} \cdot i_a + DS_5 \cdot i_b - \overline{DS_8} \cdot i_c + DS_7 \cdot i_d \qquad (3-8)$$

　　从式(3-8)可以得出,若此时 SRM 系统直接依据传统的软斩波模式运行,即上管 S_1、S_3、S_5 和 S_7 注入斩波信号,下管 S_2、S_4、S_6 和 S_8 注入位置信号,则在两相共同导通区间,i_1 和 i_2 必将会包含多相电流信息,因此必须在软斩波的基础上增加有效的解耦策略。为了方便说明,将 two-sensor 方法下的相电流检测分为两个区间:没有负电压续流电流存在的区间(DP=0)和存在负电压续流的区间(DP=1),其对应的解耦策略分别如图 3-6(a)和图 3-6(b)所示。

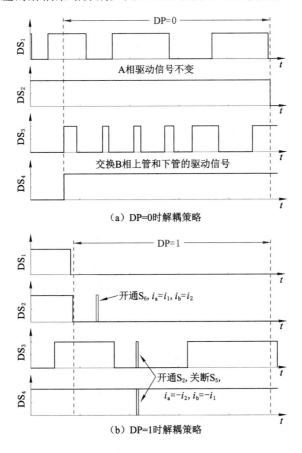

图 3-6　提出的 two-sensor 方法下解耦策略

　　当 DP=0 时,若进入 A 相或 C 相的导通区间,则位置信号和斩波信号仍然分别用来驱动对应相的下管和上管。若进入 B 相或 D 相的导通区间,则位置信号和斩波信号需要用来驱动对应相的上管和下管,如图 3-6(a)所示。在上述原则下,若进入 A 区间,A 相单独导通且不存在 D 相的负电压续流电流时,在 A 相励磁和零电压续流状态下,i_a 正向流过 LEM_1,对应的电流路径分别如图 3-7(a)和(b)所示。

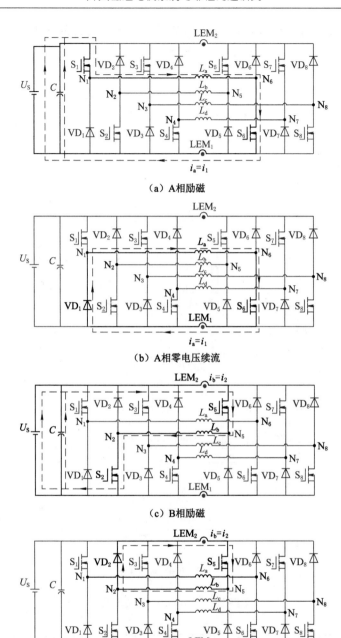

（a）A相励磁

（b）A相零电压续流

（c）B相励磁

（d）B相零电压续流

图 3-7　DP＝0 时电流解耦路径

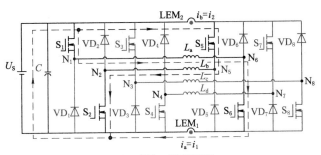

（e）A相和B相同时励磁

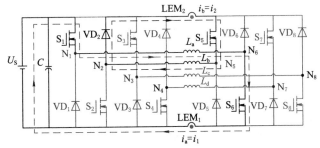

（f）A相励磁和B相零电压续流

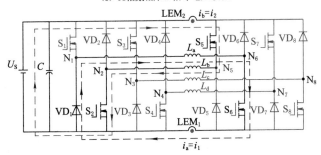

（g）A相零电压续流和B相励磁

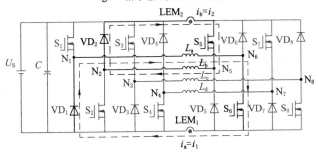

（h）A相和B相同时零电压续流

图 3-7（续）

若进入 B 区间,B 相单独导通且不存在 A 相的负电压续流电流时,B 相励磁状态和零电压续流状态下,i_b 正向流过 LEM_2,可能的电流路径分别如图 3-7(c) 和(d) 所示。若进入 AB 区间,有四种可能的运行情景,包括 A 相和 B 相同时励磁、A 相励磁和 B 相零电压续流、A 相零电压续流和 B 相励磁及 A 相和 B 相同时零电压续流,对应的电流路径分别如图 3-7(e)~(h) 所示。

综上分析可知,当 DP＝0 时,i_a 和 i_b 分别只穿过 LEM_1 和 LEM_2。因此可以看出此时没有耦合的多相电流经过 LEM_1 和 LEM_2,进而能够计算得到各相相电流,如式(3-9)所示。

$$\begin{cases} i_a = DS_6 \cdot i_1 \\ i_b = DS_5 \cdot i_2 \\ i_c = DS_8 \cdot i_1 \\ i_d = DS_7 \cdot i_2 \end{cases} \tag{3-9}$$

当 DP＝1 时,此时出现的负电压续流电流会与励磁相电流耦合。因此若导通相励磁时,此时励磁电流经过传感器 $LEM_i(i＝1$ 或 2),则需要通过控制续流相的上管或下管,使其相电流经过另外一个空闲的电流传感器。以 A 相和 B 相为例,对应的解耦策略如图 3-6(b) 所示。当进入 B 区间时,若 A 相负电压续流而 B 相励磁,此时 i_a 和 i_b 穿过 LEM_2,由于 B 相为励磁相,因此应该开通 S_6 使 i_a 流过 LEM_1,如图 3-8(a) 所示。此时 i_a 和 i_b 分别等于 i_1 和 i_2,如式(3-10) 所示。

$$\begin{cases} i_a = i_1 \\ i_b = i_2 \end{cases} \tag{3-10}$$

当 A 相负电压续流而 B 相零电压续流时,为了尽可能地减小脉冲注入,使 A 相的电流尽快减小到零,此时应该开通 B 相下管 S_2,使 B 相由上管零电压续流转换到下管零电压续流,而 A 相则保持负电压续流状态不变,如图 3-8(b) 所示。此时 i_a 和 i_b 分别只等于 $-i_2$ 和 $-i_1$,如式(3-11)所示。

$$\begin{cases} i_a = -i_2 \\ i_b = -i_1 \end{cases} \tag{3-11}$$

当进入 A 区间时,若 D 相负电压续流而 A 相励磁时,此时 A 相为励磁相,应该开通 D 相上管 S_7,使 i_d 流过 LEM_2,如图 3-8(c) 所示。此时 i_d 和 i_a 分别只等于 i_2 和 i_1,如式(3-12)所示。

$$\begin{cases} i_d = i_2 \\ i_a = i_1 \end{cases} \tag{3-12}$$

若 D 相负电压续流而 A 相零电压续流时,此时开通 A 相上管 S_2,关断上管 S_6,使 A 相由基于下管的零电压续流转变到基于上管的零电压续流,而 D 相可

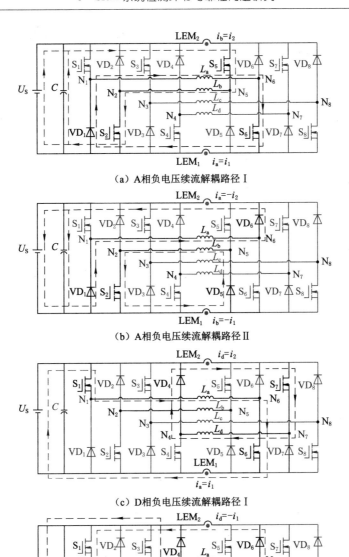

（a）A相负电压续流解耦路径Ⅰ

（b）A相负电压续流解耦路径Ⅱ

（c）D相负电压续流解耦路径Ⅰ

（d）D相负电压续流解耦路径Ⅱ

图 3-8　DP＝1 时电流解耦路径

以保持负电压续流状态不变,如图 3-8(d)所示。此时 i_d 和 i_a 分别只等于$-i_1$ 和 $-i_2$,如式(3-13)所示。

$$\begin{cases} i_d = -i_1 \\ i_a = -i_2 \end{cases} \qquad (3\text{-}13)$$

按照上述解耦原则,可以得到 DP=1 时相电流的表达式如式(3-14)所示。

$$\begin{cases} i_a = (DP_4 + DP_1) \cdot (DS_6 \cdot i_1 - \overline{DS_6} \cdot i_2) \\ i_b = (DP_1 + DP_2) \cdot (DS_5 \cdot i_2 - \overline{DS_5} \cdot i_1) \\ i_c = (DP_2 + DP_3) \cdot (DS_8 \cdot i_1 - \overline{DS_8} \cdot i_2) \\ i_d = (DP_3 + DP_4) \cdot (DS_7 \cdot i_2 - \overline{DS_7} \cdot i_1) \end{cases} \qquad (3\text{-}14)$$

式中,DP_1、DP_2、DP_3 和 DP_4 分别是 A 相、B 相、C 相和 D 相的负电压续流区域。

鉴于上一相的退磁区间完全包含在当前相的励磁区间,因此式(3-9)和式(3-14)可以结合化简,进而可以得到一个转子周期内完整的相电流信息,如式(3-15)所示。

$$\begin{cases} i_a = (DS_6 + DP_1) \cdot (DS_6 \cdot i_1 - \overline{DS_6} \cdot i_2) \\ i_b = (DS_5 + DP_2) \cdot (DS_5 \cdot i_2 - \overline{DS_5} \cdot i_1) \\ i_c = (DS_8 + DP_3) \cdot (DS_8 \cdot i_1 - \overline{DS_8} \cdot i_2) \\ i_d = (DS_7 + DP_4) \cdot (DS_7 \cdot i_2 - \overline{DS_7} \cdot i_1) \end{cases} \qquad (3\text{-}15)$$

3.3 不同检测环节对可靠性的影响

3.3.1 不同电流检测方法下功率变换器热分布

从上文的分析可以看出,成本优化的 one-sensor 方法和提出的 two-sensor 方法实施时均需要在特定的区域注入脉冲,从而增加了功率器件的开关频率。同时 one-sensor 方法将励磁状态转化为零电压续流状态带来的电压损失和 two-sensor 方法下将负电压续流状态转化为零电压续流状态带来的电压增加,均会一定程度影响电流波形,进而造成损耗和热分布的不同。

在电流斩波控制策略下,n^*、T_L、θ_{on}、θ_{off}、采样频率和滞环宽度分别设置为 400 r/min、0.3 N·m、0°、23°、20 kHz 和 1 A。以 A 相为例,采用第 2 章所建立的损耗计算模型,可以得到上管、下管、上二极管和下二极管的平均损耗如图 3-9(a)所示。其中,P_{SU}、P_{SL}、P_{DU} 和 P_{DL} 分别为上开关管、下开关管、上二极管和下二极管的功率损耗。从图中可以看出,在所提出的 two-sensor 方法实施后,功率变换器拥有更加平衡的损耗分布,这主要是由于所提出的解耦策略实施

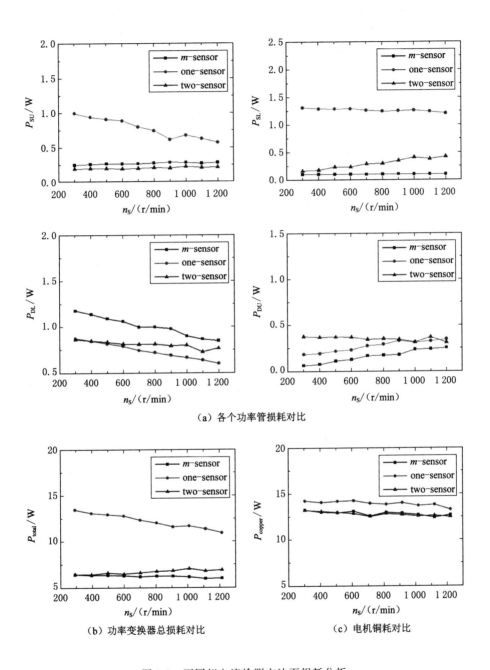

（a）各个功率管损耗对比

（b）功率变换器总损耗对比

（c）电机铜耗对比

图 3-9 不同相电流检测方法下损耗分析

后,上管和下管的电应力分布更加均衡造成的。由于 one-sensor 方法下,脉冲注入区域的宽度远大于 m-sensor 和 two-sensor 方法,因此其产生的功率损耗也最高。由于 two-sensor 方法实施时,在续流区间将负电压续流短暂地转化为零电压续流,因此延长了续流时间,造成其 P_{DU} 最高。将不同电流检测方法下功率变换器的总损耗(P_{total})总结如图 3-9(b)所示。由于高速时续流区间的延长,导致所提方法的损耗高于 m-sensor,但是低速时所提方法与 m-semsor 几乎一致,明显小于 one-sensor 方法。考虑到 one-sensor 方法实施时在共同导通区间会增加零电压续流时间,因此其电流波形与 m-sensor 和 two-sensor 方法有一定的不同,从而使产生的 SRM 铜耗高出 10% 左右,如图 3-9(c)所示。

通过以上分析可以看出,相比于 one-sensor 方法,本书所提方法对功率变换器损耗和 SRM 铜耗影响较小,利于保证 SRM 系统的高效运行。虽然 two-sensor 方法在高速时产生更大的损耗,但损耗分布不同,这就意味着结点温升不一定更高,因此有必要对温升分布进行进一步的研究。为了直观地研究不同电流检测方法下功率变换器的热分布,将得到的每个功率器件的平均损耗代入所建的有限元模型,其中有限元模型的运行参数和前文所述保持一致。在 m-sensor 方法下,可以看出各个功率器件的热分布是极其不平衡的,如图 3-10(a)所示。在 one-sensor 方法实施时,由于功率损耗的增加,相比于 m-sensor 方法,器件间最大的结温升高达到 7.37 ℃,同时热分布的不平衡度也有所增加,如图 3-10(b)所示。图 3-10(c)表明在本书提出的 two-sensor 方法下,功率器件的最高结点温度得到降低,从而使功率变换器拥有更好的温度分布。

3.3.2 静态可靠性分析

本书采用组合模型进行静态可靠性分析。由于不同电流检测方法下 SRM 的铜耗差距最大仅为 10%,因此可以认为 SRM 的可靠度在三种电流检测方法下相同。由于静态可靠性分析认为任意故障均会导致系统失效,因此可以得到检测环节的静态可靠性与电流传感器及位置传感器的数目直接相关,如式(3-16)~(3-18)所示。

$$R_{\mathrm{SDM}}(t) = e^{-(\lambda_{\mathrm{OPS}}+\lambda_{\mathrm{GPS}})t} \cdot e^{-4(\lambda_{\mathrm{OCS}}+\lambda_{\mathrm{GCS}}+\lambda_{\mathrm{CCS}})t} = e^{-3.98t} \tag{3-16}$$

$$R_{\mathrm{SDO}}(t) = e^{-(\lambda_{\mathrm{OPS}}+\lambda_{\mathrm{GPS}})t} \cdot e^{-(\lambda_{\mathrm{OCS}}+\lambda_{\mathrm{GCS}}+\lambda_{\mathrm{CCS}})t} = e^{-2.81t} \tag{3-17}$$

$$R_{\mathrm{SDT}}(t) = e^{-(\lambda_{\mathrm{OPS}}+\lambda_{\mathrm{GPS}})t} \cdot e^{-2(\lambda_{\mathrm{OCS}}+\lambda_{\mathrm{GCS}}+\lambda_{\mathrm{CCS}})t} = e^{-3.20t} \tag{3-18}$$

式中,$R_{\mathrm{SDM}}(t)$、$R_{\mathrm{SDO}}(t)$ 和 $R_{\mathrm{SDT}}(t)$ 分别为 m-sensor、one-sensor 和 two-sensor 方法下检测环节的可靠度。

上述可靠度曲线如图 3-11(a)所示,说明 one-sensor 方法下检测环节的静态可靠性最高。

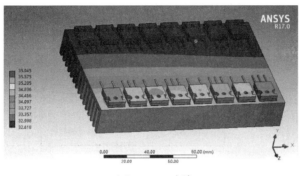

（a）*m*-sensor方法

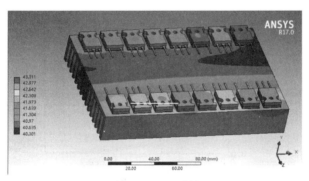

（b）one-sensor方法

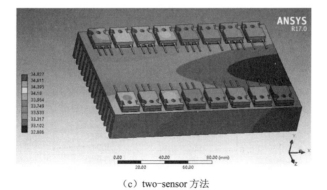

（c）two-sensor方法

图 3-10　不同相电流检测方法下功率变换器热分布

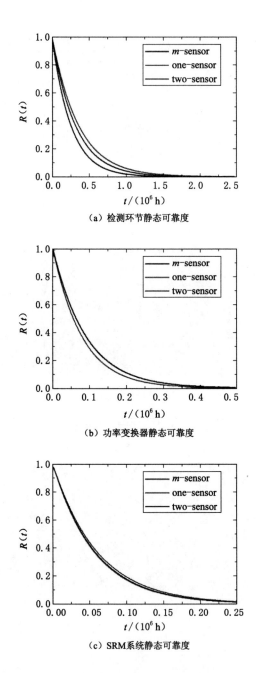

（a）检测环节静态可靠度

（b）功率变换器静态可靠度

（c）SRM系统静态可靠度

图 3-11　不同相电流检测方法静态可靠性分析结果

但是 one-sensor 方法会带来功率变换器的热应力提高,进而影响功率变换器的可靠度。按照相同的方法,结合图 3-10 所示的热分布,可以得到不同电流检测方法下功率变换器的静态可靠度,如式(3-19)~(3-21)所示。

$$R_{\mathrm{SPM}}(t) = \mathrm{e}^{-11.10t} \qquad (3\text{-}19)$$

$$R_{\mathrm{SPO}}(t) = \mathrm{e}^{-12.67t} \qquad (3\text{-}20)$$

$$R_{\mathrm{SPT}}(t) = \mathrm{e}^{-11.05t} \qquad (3\text{-}21)$$

式中,$R_{\mathrm{SPM}}(t)$、$R_{\mathrm{SPO}}(t)$ 和 $R_{\mathrm{SPT}}(t)$ 分别为 m-sensor、one-sensor 和 two-sensor 方法下功率变换器的可靠度。

将功率变换器的可靠度曲线如图 3-11(b)所示,说明此时 one-sensor 方法下功率变换器的可靠度最低,而所提的 two-sensor 方法下功率变换器的可靠度几乎与 m-sensor 方法一致,说明所提方法不会增强功率变换器的热应力。

依据式(2-1),可以进一步得到不同电流检测方法下 SRM 系统的静态可靠度,如式(3-22)~(3-24)所示。

$$R_{\mathrm{SM}}(t) = \mathrm{e}^{-17.24t} \qquad (3\text{-}22)$$

$$R_{\mathrm{SO}}(t) = \mathrm{e}^{-17.64t} \qquad (3\text{-}23)$$

$$R_{\mathrm{ST}}(t) = \mathrm{e}^{-16.41t} \qquad (3\text{-}24)$$

式中,$R_{\mathrm{SM}}(t)$、$R_{\mathrm{SO}}(t)$ 和 $R_{\mathrm{ST}}(t)$ 分别为 m-sensor、one-sensor 和 two-sensor 方法下 SRM 系统的静态可靠度。

SRM 系统静态可靠度曲线如图 3-11(c)所示,可以看出相比于 m-sensor 方法,所提的 two-sensor 方法能够提高 SRM 系统的静态可靠性,而 one-sensor 方法则降低了系统的静态可靠性。

3.3.3　动态可靠性分析

当进行动态可靠性分析时,同样认为不同检测方法下 SRM 电机本体的可靠性相同,如式(2-28)所示。对于检测环节来说,位置传感器故障会产生错误的位置信号,进而产生不期望的驱动信号使 SRM 系统停机,因此可以认为 SRM 系统失效。如果电流传感器发生零输出和常值输出故障,对于传统的 m-sensor 电流检测方法,虽然电流传感器故障会导致系统失效,但是由于 SRM 系统各相良好的独立性,电流传感器的故障容易被转化为缺相运行故障,因此 SRM 系统依然被认为处于存活状态。对于低成本的 one-sensor 方法和本书提出的 two-sensor 方法来说,一旦电流传感器故障,至少两相运行受到影响,因此可以认为 SRM 系统处于失效状态。为了充分体现不同电流检测方法带来的容错能力变化对可靠性的影响,同时简化可靠性建模过程,本书直接采用 k-out-of-n:G 模型来评估检测环节的可靠性。在 m-sensor 方法实施时,检测环节的 k-out-of-n:G 模型如图 3-12(a)所示。由前文分析可知,本书采用的 SRM 系统只在缺一相故障下才能够存活,因此可知 k 和 n 分别等于 3 和 4。因此按照文献[90-92]所述的 k-out-of-n:G 模型求解方法,检测环节的可靠度 $R_{\mathrm{DM}}(t)$ 如式(3-25)所示。

$$R_{\mathrm{DM}}(t) = \mathrm{e}^{-(\lambda_{\mathrm{OPS}}+\lambda_{\mathrm{GPS}})t} \cdot \sum_{k=3}^{4} \mathrm{e}^{-k(\lambda_{\mathrm{OCS}}+\lambda_{\mathrm{GCS}}+\lambda_{\mathrm{CCS}})t}\left[1 - \mathrm{e}^{-(\lambda_{\mathrm{OCS}}+\lambda_{\mathrm{GCS}}+\lambda_{\mathrm{CCS}})t}\right]^{4-k}$$

$$(3-25)$$

对于 one-sensor 和 two-sensor 方法,任意一个电流传感器失效会使多相的运行受到影响,进而导致 SRM 系统失效,此时检测环节在 one-sensor 和 two-sensor 方法下的可靠度与静态可靠性计算结果相同,分别如式(3-17)和(3-18)所示。其中 $R_{\mathrm{DO}}(t)$ 和 $R_{\mathrm{DT}}(t)$ 分别是检测环节在 one-sensor 和 two-sensor 方法下的动态可靠度。

通过表 2-3 中失效率的数值,可以定量地求得 m-sensor 电流检测方法下检测环节的动态可靠度,如式(3-26)所示。

$$R_{\mathrm{DM}}(t) = \mathrm{e}^{-3.98t} - 4.00\mathrm{e}^{-1.56t} + 4.00\mathrm{e}^{-1.17t} \qquad (3-26)$$

考虑缺相运行能力对可靠性的影响时,对应的功率变换器的 Markov 模型已经建立在第 3 章图 3-8(b)中。结合图 3-10 中不同电流检测方法下的功率变换器的热分布,可以得到功率变换器的动态可靠度,如式(3-27)～(3-29)所示。

$$R_{\mathrm{PM}}(t) = 0.41\mathrm{e}^{-12.03t} - 5.95\mathrm{e}^{-12.62t} + 4.0\mathrm{e}^{-11.76t} + 2.53\mathrm{e}^{-9.61t} \qquad (3-27)$$

$$R_{\mathrm{PO}}(t) = 0.41\mathrm{e}^{-14.13t} - 5.93\mathrm{e}^{-14.72t} + 4.0\mathrm{e}^{-13.71t} + 2.52\mathrm{e}^{-11.18t} \qquad (3-28)$$

$$R_{\mathrm{PT}}(t) = 0.41\mathrm{e}^{-11.96t} - 5.95\mathrm{e}^{-12.55t} + 4.0\mathrm{e}^{-11.70t} + 2.54\mathrm{e}^{-9.56t} \qquad (3-29)$$

式中,$R_{\mathrm{PM}}(t)$、$R_{\mathrm{PO}}(t)$ 和 $R_{\mathrm{PT}}(t)$ 分别是功率变换器在 m-sensor、one-sensor 和 two-sensor 方法下的动态可靠度。

图 3-12(b)对比了 $R_{\mathrm{DM}}(t)$、$R_{\mathrm{DO}}(t)$ 和 $R_{\mathrm{DT}}(t)$ 随时间变化的情况,表明虽然 m-sensor 方法需要电流传感器的数目最多,但是由于容错能力的作用,m-sensor 方法下检测环节的动态可靠性最高,因此降低电流传感器的数目不能直接提高检测环节的可靠性。而对于功率变换器来说,虽然 one-sensor 方法能够有效减少电流传感器的数目,但是带来的额外热应力的增加,会降低功率变换器的动态可靠度,如图 3-12(c)所示。依据式(2-5)可求得不同检测方法下 SRM 系统的 MTTF 如图 3-12(d)所示,可以看出本书所提 two-sensor 方法下 SRM 系统的 MTTF 几乎与 m-sensor 方法下 SRM 系统的 MTTF 相同,而明显高于 one-sensor 方法下 SRM 系统的 MTTF。

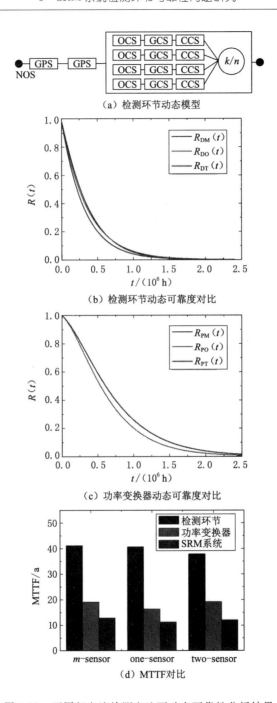

（a）检测环节动态模型

（b）检测环节动态可靠度对比

（c）功率变换器动态可靠度对比

（d）MTTF对比

图 3-12　不同相电流检测方法下动态可靠性分析结果

为了进一步研究电流检测方法对可靠性的影响,本书随机选取五组转速和负载转矩的组合,进行 SRM 系统 MTTF 的计算,如表 3-1 所示。其中,MTTF$_1$、MTTF$_O$ 和 MTTF$_T$ 为 m-sensor、one-sensor 和 two-sensor 下 SRM 系统的 MTTF。从表中可以看出,由于容错能力的保证,m-sensor 方法 SRM 系统具有最高的 MTTF,而 one-sensor 方法下 SRM 系统 MTTF 下降 10% 左右,本书所提的 two-sensor 方法下 SRM 系统 MTTF 平均下降 4.17%,因此可知所提方法相比 one-sensor 方法具有更高的动态可靠性。

表 3-1 不同负载和转速下相电流检测方法对 SRM 系统可靠性的影响

序号	n_s/(r/min)	T_L/(N·m)	MTTF$_1$/a	MTTF$_O$/a	MTTF$_T$/a
1	400	0.40	12.85	11.24	12.06
2	500	1.00	9.41	8.21	9.15
3	800	0.35	10.18	9.23	9.72
4	1 000	1.00	8.96	8.01	8.73
5	1 500	0.30	10.96	9.93	10.43

3.4 仿真分析

3.4.1 稳态性能

在电流斩波控制策略下,n^*、T_L、θ_{on}、θ_{off}、采样频率和滞环宽度分别设置为 400 r/min、0.3 N·m、0°、23°、20 kHz 和 1 A。当 m-sensor 方法实施时,DS$_1$、DS$_2$、i_a 和 T_e 的波形如图 3-13(a)所示,表明此时无须脉冲注入即可获得完整的相电流波形。当 one-sensor 方法实施时,DS$_1$、DS$_2$、i_{bus}、i_a 和 T_e 的波形如图 3-13(b)所示,表明此时无法获得退磁区间的相电流信息。同时在两相共同励磁区域,开关频率明显增加。当实施本书提出的 two-sensor 方法时,对应的波形如图3-13(c)所示,表明所提方法能够获得一个转子周期内完整的相电流信息。同时可以看出所提出的方法能够明显缩小脉冲注入区域,进而可以有效减少开关频率和开关损耗。

依据文献[187-189]的研究可知,注入的脉冲会使负电压续流模式转化到零

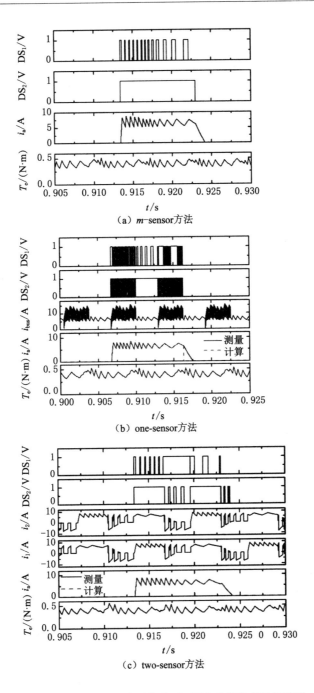

（a）*m*-sensor方法

（b）one-sensor方法

（c）two-sensor方法

图 3-13　不同相电流检测方法下 SRM 系统稳态运行波形

电压续流模式,进而会延长续流时间,增大转矩脉动,影响系统运行的稳定性,因此本书对不同电流检测方法下 SRM 系统的转矩脉动情况进行了对比研究,如图 3-14 所示,其中 γ_1 为转矩脉动系数,如式(3-30)所示。

$$\gamma_1 = \frac{T_{\max} - T_{\min}}{T_{av}} \tag{3-30}$$

式中,$T_{\max}$、$T_{\min}$ 和 T_{av} 分别为电磁转矩的最大值、最小值和平均值。

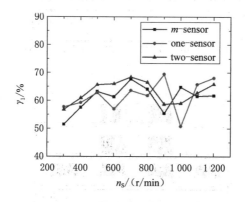

图 3-14   不同相电流检测方法下转矩脉动对比

从图中可以看出,所提出的 two-sensor 方法不会恶化 SRM 系统的转矩脉动。

3.4.2   动态性能验证

为了说明不同电流检测方法对 SRM 系统动态性能的影响,分别研究了转速变化和负载变化后系统的响应情况,具体如图 3-15 所示。当给定转速从 600 r/min 增加到 1 000 r/min 时,SRM 系统在 m-sensor、one-sensor 和 two-sensor 方法下能够在 84.1 ms、84.6 ms 和 83.8 ms 之内达到稳定运行状态。当转速从 1 000 r/min 降低到 400 r/min 时,系统在 m-sensor、one-sensor 和 two-sensor 方法下达到稳定的时间分别是 118.5 ms、121.2 ms 和 119.4 ms。当负载转矩从 0.4 N·m 增加到 1.2 N·m 或者从 1.2 N·m 减少到 0.4 N·m 时,SRM 系统在 m-sensor、one-sensor 和 two-sensor 方法下达到稳定运行的时间均小于 100 ms。因此经上述分析可知,虽然 one-sensor 和 two-sensor 方法降低了电流传感器的使用数目,但是不会影响 SRM 系统的动态性能。

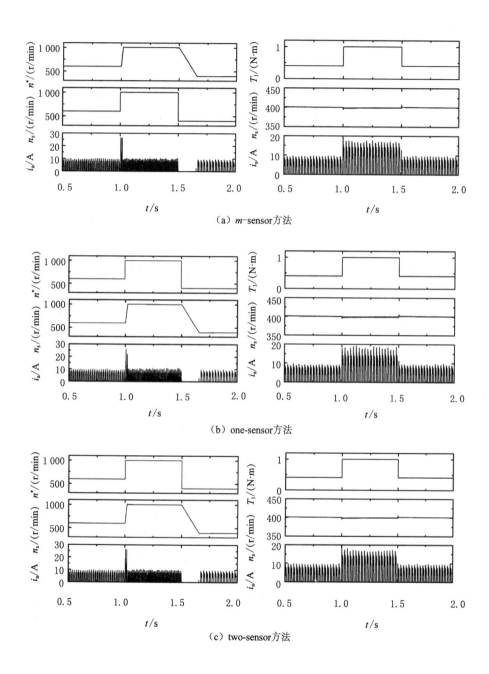

（a）m-sensor方法

（b）one-sensor方法

（c）two-sensor方法

图 3-15　不同电流检测方法动态性能对比

3.5 实验验证

为了验证 two-sensor 方法和可靠性分析结果的有效性,本节同样选用双核的 TMS320F28377D 作为控制器,对应的控制框图如图 3-16 所示。其中,Core Ⅰ用来实施控制策略、提出的相电流检测方法和 D/A 转换过程,Core Ⅱ用来进行 A/D 采样、位置检测和转速计算。为了尽可能地减少采样误差和电磁干扰,i_1 和 i_2 分别用两个电流传感器(LA100P)获取,同时经 AD7606 转化为数字量。然后经 IPC 模块将 i_1、i_2 和位置信息 θ 传输给 Core Ⅰ,并依据式(3-15)计算得到各相电流。为了验证 two-sensor 方法下获取相电流的有效性,同时采用四个电流传感器测量各相电流,并经示波器 TDS2024C 与所提方法下获取的相电流进行对比。

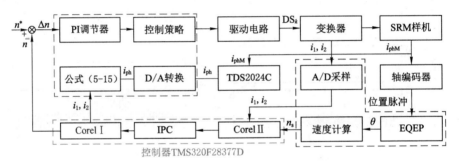

图 3-16 two-sensor 方法下 SRM 系统控制框图

与仿真运行时保持同样的控制参数,当所提出 two-sensor 方法应用到 SRM 系统时,图 3-17(a)所示驱动信号 DS_5、DS_2、i_1、i_2、实际的 B 相电流 i_b 和采用 two-sensor 方法计算得到的 B 相电流(i_{bM})的波形,可以看出 two-sensor 方法能够获得励磁和续流区间内完整的相电流信息。当进入 B 相负电压续流区域时($DP_2=1$),当 C 相励磁时,为了避免 B 相退磁电流和 C 相励磁电流的耦合,此时将 DS_5 置为高电平,使 B 相电流流过传感器 LEM_2,从而实现 B 相和 C 相电流的解耦;当 C 相零电压续流时,此时 B 相保持负电压续流状态不变,上述运行方式与所提解耦策略实施原则相同。同时可以看出所提方法仅需要在续流区间注入脉冲,因此与 one-sensor 方法相比能够有效降低斩波频率。为了避免 i_b 和 i_{bM} 之间的相位延迟,将 i_{bM} 同样经 A/D 采样和 D/A 转换过程,然后计算得到电流偏差 i_o,如式(3-31)所示。可以看出 i_o 仅为 0.08 A,因此可知 two-sensor 方法能够实现高精度的电流检测。

$$i_{\text{o}} = i_{\text{bM\_D}} - i_{\text{b\_D}} \tag{3-31}$$

式中，$i_{\text{bM\_D}}$ 和 $i_{\text{b\_D}}$ 分别为 i_{bM} 和 i_{b} 的数字量。

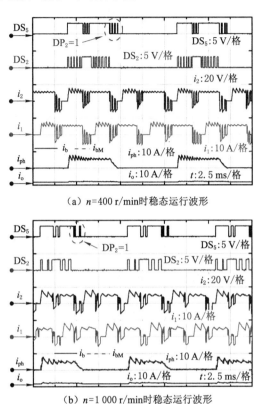

（a）n=400 r/min时稳态运行波形

（b）n=1 000 r/min时稳态运行波形

图 3-17　two-sensor 方法下 SRM 系统稳态运行实验波形

　　当运行转速升高到 1 000 r/min 时，two-sensor 方法同样能够实现相电流的精确检测，如图 3-17(b)所示。

　　在转速或者负载的变化过程中，采用 two-sensor 方法时 SRM 系统的动态响应情况如图 3-18 所示。在加速过程中，i_{b} 能够被快速检测并且跟随参考电流的变化，从而能够使 SRM 系统在 100 ms 内达到稳定运行状态。同样在减速过程中，SRM 系统也能够在 150 ms 内达到稳定运行状态，如图 3-18(a)所示。而在负载增加或减少的过程中，two-sensor 方法也能够有效实现相电流的检测和转速的快速跟踪，如图 3-18(b)所示。实验和仿真结果较好吻合，验证了 two-sensor 方法良好的动态性能。

　　依据前文所述的损耗测量方法，可以得到 m-sensor 方法和提出的 two-sen-

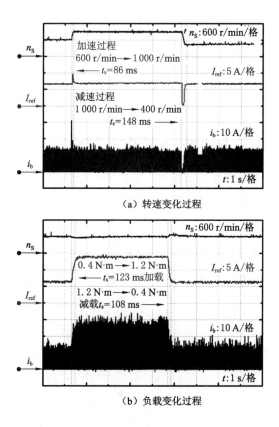

（a）转速变化过程

（b）负载变化过程

图 3-18　two-sensor 方法下动态运行实验分析

sor 方法下功率变换器的总损耗，如表 3-2 所示。其中，P_{total_S} 和 P_{total_E} 分别为实验和仿真条件下测量得到的总损耗，可以看出仿真和实验条件下的最大误差为 0.78 W，从而进一步验证了所建损耗模型的有效性。

表 3-2　*m*-sensor 方法和提出的 two-sensor 方法下功率变换器总损耗对比

n /(r/min)	*m*-sensor 方法			two-sensor 方法		
	P_{total_S}/W	P_{total_E}/W	误差/W	P_{total_S}/W	P_{total_E}/W	误差/W
300	6.30	7.08	0.78	6.32	7.02	0.70
400	6.22	6.92	0.70	6.31	7.05	0.74
500	6.18	6.52	0.34	6.48	6.85	0.37
600	6.17	6.56	0.39	6.37	6.78	0.41
700	6.07	6.56	0.49	6.50	7.02	0.52
800	6.14	6.49	0.35	6.64	7.12	0.48
900	6.12	6.42	0.30	6.72	7.06	0.34

表 3-2(续)

n /(r/min)	m-sensor 方法			two-sensor 方法		
	$P_{\text{total\_S}}$/W	$P_{\text{total\_E}}$/W	误差/W	$P_{\text{total\_S}}$/W	$P_{\text{total\_E}}$/W	误差/W
1 000	6.02	6.48	0.46	6.93	7.51	0.58
1 100	5.85	6.35	0.50	6.68	7.31	0.63
1 200	5.89	6.33	0.44	6.79	7.14	0.35

图 3-19 所示为不同电流检测方法下 A 相功率器件结点温度测量值分布,可以看出 two-sensor 方法下的最大结点温度差相比于 m-sensor 方法下有所降低,因此 two-sensor 方法下功率变换器具有更好的结温分布。同时仿真和实验条件下最大结温误差在 2 ℃以内,定量证明了结温预计结果的有效性。同时此时计算得到的 m-sensor 和 one-sensor 方法下 SRM 系统的 MTTF 分别为 12.28 年和 11.91 年。与仿真结果相比,最大误差仅为 0.57 年,从而验证了可靠性分析的有效性。

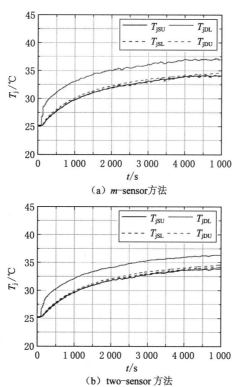

（a）m-sensor方法

（b）two-sensor方法

图 3-19 不同电流检测方法下 A 相功率器件结温对比

表 3-3 所示为 two-sensor 方法与现有的相电流检测方法性能对比。与传统的 m-sensor 方法相比，two-sensor 方法同样适用于不同相数的 SRM 系统，同时能够减少电流传感器的数目和平衡热应力分布，实现了系统静态可靠性的提高。与文献[183-187]中的方法相比，two-sensor 方法能够获得导通区间和续流区间完整的相电流信息。值得说明的是，two-sensor 方法适用于电阻采样、霍尔型和巨磁阻型电流传感器，而这种特性在文献[188，190]中是不容易实现的。从上述对比分析可知，two-sensor 方法具有良好的综合性能和广阔的应用前景。

表 3-3　SRM 系统不同相电流检测方法性能对比

方法	传感器数目	适用拓扑	分离母线	注入脉冲区域	完整相电流信息	适用传感器类型
m-sensor	m	不限	否	无	是	任何
文献[185]	1	AHBPC	是	较长	否	任何
文献[186]	1	AHBPC	是	较长	否	任何
文献[191]	1	模块化	否	较长	否	任何
文献[188]	2	AHBPC	否	无	是	霍尔型
文献[190]	2	AHBPC	否	无	是	霍尔型
文献[189]	2	AHBPC	是	无	否	任何
本书	2	AHBPC	否	短	是	任何

3.6　本章小结

精确的相电流检测有利于实施快速故障诊断、选取修正策略和实现高性能转矩控制，提高系统的运行性能。本书从可靠性角度分析了现有的相电流检测方法，并提出了一种基于两个传感器的多相电流检测方法，提高了 SRM 系统的静态可靠性。所提出的相电流检测方法能够减少脉冲注入，具有良好的适用性。本章内容总结如下：

（1）给出了传统的 m-sensor 和低成本的 one-sensor 方法中电流传感器的安装位置，分析了 one-sensor 方法解耦策略在四相 SRM 系统中的实施方式，总结了现有相电流检测方法存在的不足及可能出现的可靠性问题。

（2）提出了一种基于两个电流传感器的相电流检测方法，给出了适用于有负电压续流电流区间和无负电压续流电流区间的解耦策略，缩小了脉冲注入区域，获取了整个运行周期内完整的相电流信息。

（3）计算了不同相电流检测方法下的损耗分布，给出了功率变换器的热分布，定量计算了不同相电流检测方法下 SRM 系统的静态和动态可靠度，结果表明单纯地减少电流传感器的数目并不意味着系统可靠性的提高，two-sensor 方法能够增强系统的静态可靠性，同时几乎不会影响系统的动态可靠性。

（4）进行了不同相电流检测方法下 SRM 系统的稳态性能和动态性能的仿真和实验，分析了不同转速下 two-sensor 方法的有效性，结果表明所提方法在提高 SRM 系统可靠性的同时不会带来系统其他控制性能的降低，进而能够提高系统的综合运行性能。

4 SRM 系统功率变换器可靠性问题研究

4.1 引言

考虑到功率变换器是保证 SRM 系统可靠运行的关键环节,因此现有的研究出现了多种可靠性提高方法,包括新型拓扑、高性能半导体器件、故障诊断方法和修正策略等[185-209]。在 SRM 系统的应用阶段,相比于新型拓扑和高性能半导体器件,有效的故障诊断和修正策略在延长系统寿命、提高可靠性方面具有更重要的意义。现有的故障诊断方法,均无法同时在诊断速度、多级故障类型判别、适用性和可拓展性方面达到良好的应用效果。在修正策略方面,文献[17]总结了不对称半桥变换器可能发生的故障类型及对应的修正策略,但没有给出最优的修正策略。文献[207]将模糊逻辑用来优化开路故障下的开通角和关断角,降低了故障后 SRM 系统的转矩脉动。文献[205,208-209]提出了增加功率器件的容错拓扑,提高了系统的可靠性,但也带来了成本和体积的增加。同时上述修正策略对可靠性的提高均是定性的而不是定量的,从而导致可靠性的提高效果模糊,无法定量选取最优的修正策略。考虑到可靠性能够综合反映应用场合需求、元器件数目、热应力和容错能力对系统性能的影响,因此本书将定量可靠性评估引入修正策略的选取,进而实现系统运行性能的进一步提升。

为了实现快速在线故障诊断和修正策略的可靠性定向选取,本书提出了一种在线无传感器故障诊断方法,并建立了不同修正策略下 SRM 系统级可靠性模型。首先总结了功率变换器开关管故障下电流路径和中点电压的变化情况,提出了采用中点电压特征和驱动信号相结合的方法来实现故障诊断;然后分别设计了针对奇数相和偶数相桥臂的诊断电路,避免了昂贵的电流或者电压传感器的使用;同时分析了故障发生时刻与故障诊断时间之间的关系,验证了所提方法的快速性;接下来,建立了不同修正策略下 SRM 系统级可靠性模型,进行了修正策略的可靠性定向选取;最后搭建实验平台,验证了所提故障诊断方法的有效性和修正策略可靠性定向选取的必要性。

4.2 可靠性问题分析

4.2.1 MOSFET 故障下电流路径分析

由前文分析可知,对于图 2-1(b)所示的 AHBPC,功率开关管相对于二极管来说具有更高的故障率。同时二极管故障会直接触发过流或过压保护,进而导致功率变换器失效。而开关管故障后 SRM 系统的运行性能可能会严重退化,而快速有效的开关管故障诊断方法能够方便实施有针对性的修正策略,提升系统的运行性能。为了实现快速的故障定位及故障类型判别,首先分析功率开关管在不同故障下电流路径的变化情况。当 OUM 故障发生后,SRM 系统失去励磁路径,此时故障相电流经 L_a、S_2 和 VD_1 进行零电压续流,如图 4-1(a)所示。当 SUM 故障发生后,在励磁区间,系统失去零电压续流路径,电源始终向绕组两端励磁,如图 4-1(b)所示。图 4-1(c)所示为 OLM 故障下的电流路径,此时绕组储存的能量无法直接回馈给电源,而是经 L_a、VD_2 和 S_1 零电压续流。当 SLM 故障发生后,励磁区间电流路径与正常情况相同,一旦进入续流区间,电流路径由正常情况下经 VD_1、L_a 和 VD_2 负电压续流转化到 VD_1、L_a 和 S_2 的零电压续流,如图 4-1(d)所示。从上述分析可知不同故障发生后,电流路径不同,因此可以通过检测电流路径的变化来快速定位故障器件及判断故障类型。

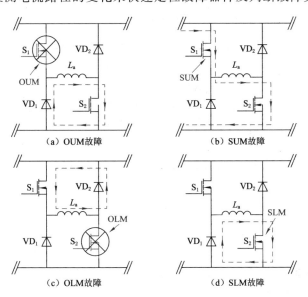

图 4-1 开关管故障后的电流路径

4.2.2 正常运行时中点电压特征

为了实现精准的在线故障诊断,本书提出采用每个桥臂中点电压特征来监测电流路径的变化情况。为了更好地分析中点电压的变化,分别用 $N_1 \sim N_8$ 来命名变换器 8 个桥臂的中点,如图 4-2(a)所示。以 CCC 策略为例,图 4-2(b)所示为正常运行时 DS_1、DS_2、N_1 点电压(u_1)、N_2 点电压(u_2)、u_a 和 i_a 的波形变化趋势图。此时 U_S、θ_{on}、θ_{off}、n^* 和负载转矩分别设置为 24 V、0°、25°、1 000 r/min 和 1 N·m。在导通区域,DS_2 为高电平时,S_2 开通,此时当 DS_1 为高电平时,电源经 S_1 和 S_2 向 A 相绕组 L_a 励磁,对应的 u_1 和 u_2 如式(4-1)所示。

$$\begin{cases} u_1 = U_S - u_M \\ u_2 = u_M \end{cases} \tag{4-1}$$

式中,u_M 为 MOSFET 的导通压降。

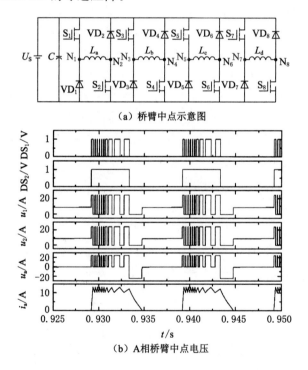

（a）桥臂中点示意图

（b）A相桥臂中点电压

图 4-2　正常运行时中点电压特征分析

当 DS_1 为低电平时,S_1 关断,此时绕组储存的能量经 S_2 和 VD_1 进行零电压续流,可推出 u_1 和 u_2 如式(4-2)所示。

$$\begin{cases} u_1 = -u_D \\ u_2 = u_M \end{cases} \tag{4-2}$$

式中，u_D 为二极管的导通压降。

在续流区域，关断 S_1 和 S_2，SRM 进入负电压续流模式，使绕组储能快速地回馈到电源，对应的 u_1 和 u_2 如式(4-3)所示。

$$\begin{cases} u_1 = -u_D \\ u_2 = U_S + u_D \end{cases} \tag{4-3}$$

从式(4-1)～(4-3)可知，在导通区间和续流区间内，u_1 只与 DS_1 有关，u_2 只与 DS_2 相关，因此可将 u_1 和 u_2 的计算公式分别归纳如(4-4)和(4-5)所示。

$$u_1 = DS_1 \cdot (U_S - u_M) - \overline{DS_1} \cdot u_D \tag{4-4}$$

$$u_2 = DS_2 \cdot u_M + \overline{DS_2} \cdot (U_S + u_D) \tag{4-5}$$

4.2.3　故障运行时中点电压特征

一旦功率开关管发生故障之后，中点电压和驱动信号的关系与式(4-4)和式(4-5)相比，将会有极大程度的改变。为了更好地分析故障后的运行特征，将实际运行情况下第 j 个桥臂的中点电压用 u_{j_A} 来表示，而采用驱动信号经式(4-4)或式(4-5)计算得到的第 j 个桥臂的中点电压用 u_{j_C} 来表示。当 OUM 故障发生后，DS_1、DS_2、u_1 和 i_a 的仿真波形如图 4-3(a)所示。此时，VD_1 导通使 A 相进入零电压续流模式，因此实际运行情况下第 1 个桥臂 N_1 中点的电压(u_{1_A})如式(4-6)所示。

$$u_{1\_A} = -u_D \tag{4-6}$$

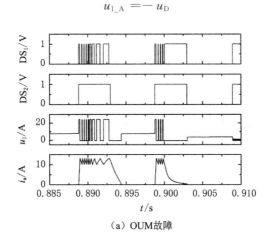

(a) OUM故障

图 4-3　故障运行时中点电压特征分析

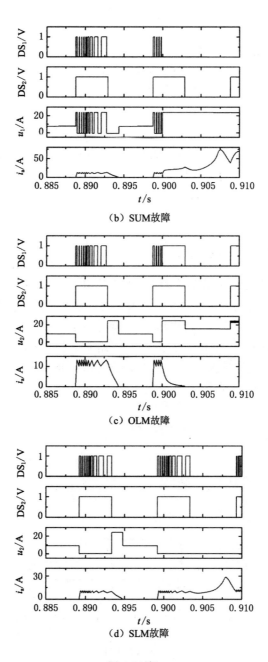

（b）SUM故障

（c）OLM故障

（d）SLM故障

图 4-3（续）

由于故障后 i_a 的减小会触发闭环控制器，将会使 DS_1 始终为高电平，因此计算得到的第 1 个桥臂 N_1 中点的电压 u_{1_C} 如式(4-7)所示。

$$u_{1\_C} = U_S - u_M \tag{4-7}$$

考虑到 u_D 和 u_M 相对于 U_S 来说可以忽略，因此可以看出 u_{1_A} 小于 0，而 u_{1_C} 几乎等于 U_S，呈现出明显的故障特征。图 4-3(b)所示为 SUM 故障发生后系统的运行情况，此时 S_1 始终保持开通，VD_1 关断，因此 u_{1_A} 如式(4-8)所示。

$$u_{1\_A} = U_S - u_M \tag{4-8}$$

由于此时 U_S 在整个导通区间向 A 相绕组励磁，产生过大相电流，从而闭环控制器会将 DS_1 置为低电平，因此可得到 u_{1_C} 如式(4-9)所示。

$$u_{1\_C} = -u_D \tag{4-9}$$

与 OUM 故障不同，此时 u_{1_A} 接近于 U_S，而 u_{1_C} 小于 0，同样表现出明显的故障特征。当 OLM 故障发生后，如图 4-3(c)所示，此时 VD_2 导通使 A 相进入零电压续流模式。而由于在导通区间，DS_2 始终为高电平，因此实际情况下第 2 个桥臂 N_2 中点的电压(u_{2_A})和计算得到的 N_2 中点电压(u_{2_C})分别如式(4-10)和(4-11)所示。

$$u_{2\_A} = U_S + u_D \tag{4-10}$$

$$u_{2\_C} = u_M \tag{4-11}$$

而当 SLM 故障发生后，在励磁区间，u_{2_A} 和 u_{2_C} 与正常运行情况相同，不表现出故障特征，如图 4-3(d)所示；在续流区间，虽然 DS_2 为低电平，但是 S_2 始终保持导通，因此 u_{2_A} 和 u_{2_C} 分别如式(4-12)和式(4-13)所示，与正常运行情况相比有极大程度的不同，表现出明显的故障特征。

$$u_{2\_A} = u_M \tag{4-12}$$

$$u_{2\_C} = U_S + u_D \tag{4-13}$$

因此从以上分析可以看出，u_{j_A} 和 u_{j_C} 的差别可以用来作为故障判别准则的制定基础，进而实现功率开关管的在线故障诊断。

4.3　基于故障诊断的可靠性提高方法

4.3.1　诊断电路

从前文分析可以看出，正常运行时，u_{j_A} 和 u_{j_C} 保持一致，而故障之后，u_{j_A} 和 u_{j_C} 的一致性被破坏，因此本书提出通过检测 u_{j_A} 和 u_{j_C} 的关系来实现功率开关管的故障诊断。若将 A 相、B 相、C 相和 D 相编号为 k($k=1,2,3,4$)，则从式(4-4)和(4-5)可以看出，对于奇数相($j=2k-1$)桥臂，当 DS_j 为高电平时，u_{j_C} 近似等

于 U_S,而 DS_j 为低电平时,u_{j_C} 近似等于 0。对于偶数相($j=2k$)桥臂,当 DS_j 为高电平时,u_{j_C} 近似为 0,而当 DS_j 为低电平时,u_{j_C} 近似等于 U_S,因此可以通过 DS_j 直接反映 u_{j_C} 在正常和故障条件下的变化情况。同时,假设在 u_{j_A} 近似等于 U_S 时,设置对应桥臂中点的电压特征(TN_j)为高电平;在 u_{j_A} 近似等于 0 时,设置 TN_j 为低电平。接下来,可将正常和故障下奇数相桥臂对应的驱动信号(DS_{2k-1})和中点电压特征(TN_{2k-1})的关系呈现于表 4-1,可以看出正常时 DS_{2k-1} 和 TN_{2k-1} 保持一致,而 OUM 和 SUM 故障发生后,DS_{2k-1} 和 TN_{2k-1} 出现互斥情况。表 4-2 所示为偶数相桥臂对应的驱动信号(DS_{2k})和中点电压特征(TN_{2k})的关系,此时在正常条件下 DS_{2k} 和 TN_{2k} 互斥,而下管开路和短路故障发生后,DS_{2k} 和 TN_{2k} 出现电平保持一致的情况。为了保持不同桥臂诊断特征的一致性,定义诊断信号(FS_j)如式(4-14)所示。

$$\mathrm{FS}_j = \begin{cases} \mathrm{TN}_j \oplus \mathrm{DS}_j & j = 2k-1 \\ \overline{\mathrm{TN}_j} \oplus \mathrm{DS}_j & j = 2k \end{cases} \tag{4-14}$$

在上述定义下,正常运行时,FS_j 为低电平,而功率开关管故障发生后,FS_j 跳变为高电平,进而实现故障类型的判断及故障器件的定位。

表 4-1　奇数相桥臂对应的 $\mathbf{DS}_{2k-1}$ 和 $\mathbf{TN}_{2k-1}$ 的关系

运行情况	u_{2k-1_C}	u_{2k-1_A}	DS_{2k-1}	TN_{2k-1}	FS_{2k-1}
正常	$U_\mathrm{S}-u_\mathrm{M}$	$U_\mathrm{S}-u_\mathrm{M}$	1	1	0
	$-u_\mathrm{D}$	$-u_\mathrm{D}$	0	0	0
OUM	$U_\mathrm{S}-u_\mathrm{M}$	$-u_\mathrm{D}$	1	0	1
	$-u_\mathrm{D}$	$-u_\mathrm{D}$	0	0	0
SUM	$U_\mathrm{S}-u_\mathrm{M}$	$U_\mathrm{S}-u_\mathrm{M}$	1	1	0
	$-u_\mathrm{D}$	$U_\mathrm{S}-u_\mathrm{M}$	0	1	1

表 4-2　偶数相桥臂对应的 $\mathbf{DS}_{2k}$ 和 $\mathbf{TN}_{2k}$ 的关系

运行情况	u_{2k_C}	u_{2k_A}	DS_{2k}	TN_{2k}	FS_{2k}
正常	u_M	u_M	1	0	0
	$U_\mathrm{S}+u_\mathrm{D}$	$U_\mathrm{S}+u_\mathrm{D}$	0	0	0
OLM	u_M	$U_\mathrm{S}+u_\mathrm{D}$	1	1	1
	$U_\mathrm{S}+u_\mathrm{D}$	$U_\mathrm{S}+u_\mathrm{D}$	0	1	1
SLM	u_M	u_M	1	0	0
	$U_\mathrm{S}+u_\mathrm{D}$	u_M	0	0	1

为了降低诊断成本和缩短诊断时间,本书分别设计了针对奇数相桥臂和偶数相桥臂的诊断电路,分别如图 4-4(a)和(b)所示。每个诊断电路包含四个基本组成单元:基于 6N137 的光耦隔离电路、基于 74LS04 的整形电路、74LS86 异或芯片和基于 RC 单元的延迟电路。在所设计的诊断电路中,电阻 R_1、R_2 和 R_3 分别为 1 000 Ω、200 Ω 和 150 Ω,C_1 和 C_2 均为 0.1 μF。通过诊断电路的设计,在不需要任何昂贵的电压传感器或者电流传感器的情况下,光耦隔离电路能够将 u_{j_A} 转化为 TN_j,并最终和驱动信号结合获得诊断信号。同时该诊断电路不需要任何外加电源,能够进一步降低诊断成本。

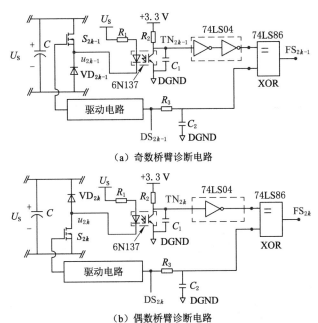

（a）奇数桥臂诊断电路

（b）偶数桥臂诊断电路

图 4-4　设计的硬件诊断电路

4.3.2　诊断流程

通常情况下,功率开关管故障发生在导通区域,而不是续流区域或者闲置区域,但是由于下管短路故障在续流区域才表现出明显的故障特征,因此不能直接将导通区域作为诊断区域。然而,若将导通区域和续流区域共同作为诊断区域,则续流区域的判断需要借助昂贵的电流或者电压传感器,尤其对于不需要电流传感器的电压斩波或者角度位置控制策略来说,诊断成本会极大程度地增加。为了降低诊断成本及复杂度,本书通过控制器将导通区域延迟 20 μs 作为诊断区域(diagnosis region,DR),如图 4-5(a)所示。

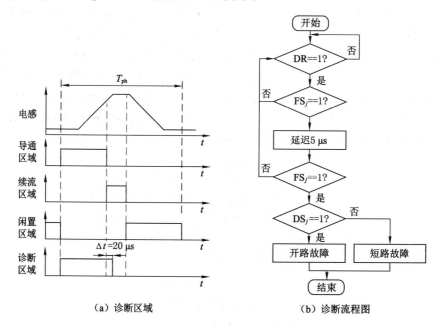

（a）诊断区域　　　（b）诊断流程图

图 4-5　诊断区域及流程

图 4-5(b)所示为所提故障诊断方法的流程图。当进入诊断区域后(DR＝1),如果故障标志信号 FS_j 为高电平,则会触发故障判别流程;否则认为没有故障发生。当进入故障判别过程后,为了消除电磁干扰、功率器件开通和关断时间的影响,需要延迟 5 μs 后重新判断 FS_j。若 FS_j 变为低电平,则说明有误诊断情况出现,此时需返回重新判断是否在诊断区域;若 FS_j 依然为高电平,证明有开路或者短路故障发生,此时需要依据 DS_j 的状态进行判断。若 DS_j 为高电平,说明功率开关器件发生开路故障,否则发生短路故障。值得说明的是,为了避免在转速和负载动态变化过程中出现的误诊断,判断下管开路故障时,其对应的奇数相桥臂的驱动信号 DS_{2k-1} 应该为高电平。同时,由于所提的故障诊断方法对各个桥臂来说是相互独立的,因此所提的方法能够实现多个功率器件的故障诊断与定位。

4.3.3　诊断时间

通常情况下,诊断时间(t_d)被认为是从故障发生后开始影响系统运行的时刻到确认故障时刻之间的时间,而不是直接故障发生后到确认故障时刻之间的时间,但是故障发生时刻同样可能会影响 t_d。对于上管故障来说,将故障类型和发生时刻进行组合,会出现四种可能的情况,如图 4-6(a)所示。其中,t_1 为故障发生时刻到系统性能开始受到影响时刻之间的时间,t_{md} 为诊断电路的执行时间和防止误诊断的延时时间。

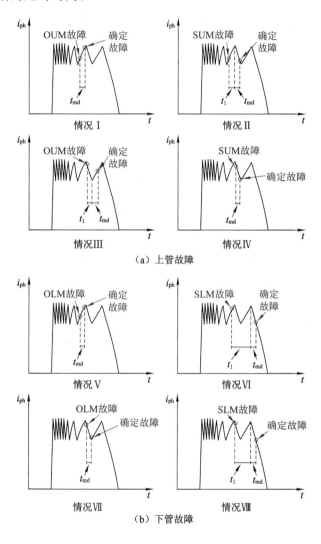

图 4-6　诊断时间分析

查询设计诊断电路所用器件的产品手册,将诊断电路中的光耦隔离和整形电路时间考虑在内,可以得到此时诊断电路的执行时间为 2 μs。当防止误诊断的延时时间设置为 5 μs 时,此时 t_{md} 最小可以达到 7 μs。情况 I 为 OUM 故障发生在电流上升阶段,此时 DS$_1$ 和 DS$_2$ 为高电平。故障发生后,DS$_1$ 的状态保持不变,但是 VD1 导通会使 TN_1 快速转化到低电平,依据式(4-14),FS_1 会跳变到高电平,触发诊断程序,经 t_{md} 之后可以实现故障诊断。情况 II 为 SUM 故障发生在电流上升阶段,此时直到相电流幅值能够触发滞环控制器时,DS_1 才会被置为低电平,系统运行性能受到影响。由于短路使 S_1 始终导通,因此 TN_1 始终保持高电平,DS_1 跳变为低电平时可以置位 FS_1,实现故障诊断。按照诊断时间的定义,可知此时 t_d 也为 t_{md}。情况 III 为 OUM 故障发生在电流下降阶段,与情况 II 相似,系统性能直到电流开始上升时刻才会受到影响,此时 DS_1 为高电平,而 TN_1 为低电平,因此也会在 t_{md} 时间内确定故障。同理,情况 IV 为 SUM 故障发生在电流下降阶段,此时可以直接进入故障诊断流程,因此所需 t_d 也同样为 t_{md}。

图 4-6(b)所示为下管故障后故障发生时刻对诊断时间的影响,同样有四种可能的情况。情况 V 为 OLM 故障发生在电流上升阶段,此时与情况 I 相同,能够直接确认故障。情况 VI 为 SLM 故障发生在电流上升阶段,与上管故障不同,由于 DS_2 在导通区间始终为高电平,因此不会有明显的故障特征。一旦进入续流区间,DS_2 被转换到低电平,但是 S_2 始终导通使 TN_2 为低电平,按照式(4-14),FS_2 会转变为高电平,因此诊断时间同样等于 t_{md}。情况 VII 为 OLM 故障发生在电流下降阶段,与情况 III 相似,诊断时间为 t_{md}。情况 VIII 是 SLM 故障发生在电流下降阶段,与情况 VI 相似,进入续流区间才会有明显的故障特征,此时 t_d 同样等于 t_{md}。

将上述故障诊断时间分析总结于表 4-3,可以看出不同故障发生时刻下 t_d 均为 t_{md},而 t_{md} 最小可以达到 7 μs,因此本书所提故障诊断方法能够实现微秒级的故障诊断。

表 4-3　诊断时间总结

情况	DS_1	DS_2	故障类型	t_d
I	1	1	OUM	t_{md}
II	1	1	SUM	t_{md}
III	0	1	OUM	t_{md}
IV	0	1	SUM	t_{md}
V	1	1	OLM	t_{md}
VI	1	1	SLM	t_{md}
VII	0	1	OLM	t_{md}
VIII	0	1	SLM	t_{md}

4.4 高可靠性修正策略

4.4.1 修正策略

按照 2.4 节所示的分析结果可知,AHBPC 的故障可以分为两类:第一类是该故障下系统可能继续存活,包括 OC、OUM、SUM、OLM 和 SLM;第二类是能够直接导致系统失效的故障,包括 SC、OUD、SUD、OLD 和 SLD。按照前文所示的方法,将第一类故障注入所建的仿真模型中,在设置的工作点下,由图 4-3 可知, i_p 只有在 SUM 故障下超过 30 A,因此系统在 SUM 故障下失效。为了提高 AHBPC 的可靠性,现有的修正策略主要针对使系统失效的故障[17-18],如表 4-4 所示。对于 SUM 故障,有两种常用的修正策略:第一种修正策略(RS1)是关断下管,使 SUM 故障转化为 OLM 故障,进而可以将系统由失效状态转变到存活状态。第二种修正策略(RS2)是通过交换上管和下管的驱动信号,类似 SLM 故障后的运行状态,此时系统同样处于存活状态。虽然 AHBPC 能够在 SLM 故障下运行,但是续流时间延长产生的负转矩降低系统效率。为了提升 AHBPC 在开关管短路故障 SUM 和 SLM 时的运行性能,常用的修正策略(RS3)是关断上管或下管,使短路故障转化为开路故障。而对于二极管故障下的修正策略(RS4),可以关断上管或者下管,使其转化为 OUM 或 OLM 故障。

表 4-4 修正策略总结

故障类型	命名	修正策略
SUM	RS1	关断下管,使 SUM 故障转化为 OLM 故障
	RS2	交换上管和下管的驱动信号,使 SUM 故障转化为类似 SLM 故障
SUM 和 SLM	RS3	关断上管或者下管,使短路故障转化为 OM 故障
二极管故障	RS4	关断上管或下管,使二极管故障转化为 OM 故障

4.4.2 热应力分析

为了实现 AHBPC 在不同修正策略下的可靠性评估,首先分析了不同修正策略下 AHBPC 的热应力分布。为了直观得到不同修正策略下的热应力分布,首先需要运行损耗计算模型得到各个功率器件的损耗分布,然后运行在 AN-SYS 中所建立的有限元模型。图 4-7(a)所示为正常运行时 AHBPC 的温度分布云图,由于下二极管(VD$_1$、VD$_3$、VD$_5$ 和 VD$_7$)损耗最大,因此其 T_j 最高达到

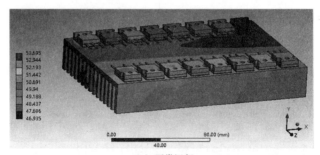

（a）正常运行

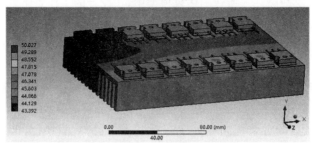

（b）修正策略RS1、RS3和RS4下运行

（c）下管短路故障下运行

（d）修正策略RS2下运行

图 4-7　不同修正策略下 AHBPC 温度分布

53.69 ℃。值得说明的是,由于各相下二极管分布在散热器的不同位置,因此 T_j 有一定的差别。图 4-7(b)为 AHBPC 在 RS_1、RS_3 和 RS_4 策略下缺相运行的温度分布云图,与正常情况相比,温度分布特性明显不同,此时 C 相下二极管 VD_5 的结点温度最高。由于缺相运行后,器件的平均散热器增加,因此 T_j 有所降低,例如最大的 T_j 从正常情况下的 53.69 ℃ 降低到了 50.03 ℃。由于 SLM 故障后,经 S_2 和 VD_1 的零电压续流时间明显增长,因此对应的损耗增加,从而导致整体 T_j 分布提高,如图 4-7(c)所示。当 RS_2 策略实施后,虽然运行情况与 SLM 故障类似,但是由于损耗分布的改变,导致结点温升相对于 SLM 故障后的分布有所降低,如图 4-7(d)所示。

4.4.3　可靠性定向选择

考虑到 SRM 和检测环节在不同修正策略下可靠度相同,因此只需建立简化版的组合模型,即采用 Markov 模型分析 AHBPC 的可靠性。文献[108-113]表明一级故障对系统的可靠性有最大的影响。同时为了突出修正策略对 AHBPC 可靠性的影响,本书只考虑一级故障对 AHBPC 可靠性的影响,这意味着当二级或者多级故障发生之后,直接认为 AHBPC 失效。当不采用修正策略时,按照前文所述的故障模式分析结果,可知此时有四种故障后的存活状态和一种失效状态,分别是 OC 故障后的存活状态(SS_1)、OUM 故障后的存活状态(SS_2)、OLM 故障后的存活状态(SS_3)、SLM 故障后的存活状态(SS_4)和 SC、SUM、OUD、SUD、OLD 和 SLD 故障后的失效状态。接下来,可以建立无修正策略下 AHBPC 的 Markov 模型,如图 4-8(a)所示。结合失效率模型和图 4-7 的 T_j 分布,可以将状态转移率的值总结于表 4-5 所示。当修正策略 RS1、RS2、RS3 和 RS4 实施时,额外的存活状态(SS_5)的出现会增强 AHBPC 的可靠性,如图 4-8(b)所示。其中,SS_5 状态代表的含义以及 λ_{S_5}、λ_{FS_2} 和 λ_{F_5} 的值依赖于修正策略的变化。例如 SS_5 在 RS1 策略下代表将 SUM 故障转移到 OLM 故障后的存活状态。

求解上述 Markov 模型,可以得到 AHBPC 在正常运行、RS1、RS2、RS3 和 RS4 下的可靠度,分别用 $R_{NM}(t)$、$R_{RS1}(t)$、$R_{RS2}(t)$、$R_{RS3}(t)$ 和 $R_{RS4}(t)$ 表示,如式 (4-15)~(4-19)所示。

$$R_{NM}(t) = 1.39\mathrm{e}^{-13.16t} - 4.81\mathrm{e}^{-17.35t} + 0.41\mathrm{e}^{-16.77t} + 4.01\mathrm{e}^{-16.16t} \quad (4\text{-}15)$$

$$R_{RS1}(t) = 2.05\mathrm{e}^{-12.28t} - 5.07\mathrm{e}^{-18.29t} + 3.61\mathrm{e}^{-17.35t} + 0.41\mathrm{e}^{-16.77t} \quad (4\text{-}16)$$

$$R_{RS2}(t) = 1.15\mathrm{e}^{-12.28t} - 5.07\mathrm{e}^{-18.29t} - 11.18\mathrm{e}^{-17.76t} + 15.69\mathrm{e}^{-17.35t} + 0.41\mathrm{e}^{-16.77t}$$
$$(4\text{-}17)$$

$$R_{RS3}(t) = 2.99\mathrm{e}^{-12.28t} - 2.40\mathrm{e}^{-17.35t} + 0.41\mathrm{e}^{-16.77t} \quad (4\text{-}18)$$

$$R_{RS4}(t) = 1.47\mathrm{e}^{-12.28t} - 5.07\mathrm{e}^{-18.29t} + 4.19\mathrm{e}^{-17.35t} + 0.41\mathrm{e}^{-16.77t} \quad (4\text{-}19)$$

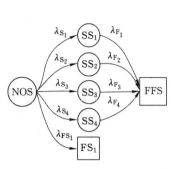

（a）无修正策略下AHBPC的Markov模型

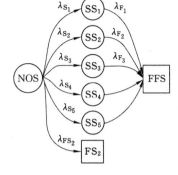

（b）有修正策略下AHBPC的Markov模型

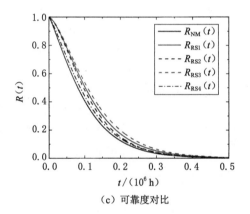

（c）可靠度对比

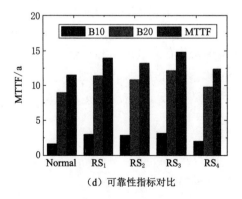

（d）可靠性指标对比

图 4-8　AHBPC 修正策略的可靠性定向选取

表 4-5   状态转移率的值

转移率	值/(10^{-6} h)	转移率	值/(10^{-6} h)	转移率	值/(10^{-6} h)
λ_{S_1}	0.24	λ_{S_4}	4.76	λ_{F_2}	12.28
λ_{S_2}	2.86	λ_{FS_1}	6.51	λ_{F_3}	12.28
λ_{S_3}	2.99	λ_{F_1}	16.76	λ_{F_4}	18.29

图 4-8(c)对比了不同修正策略下的可靠度,此时 $R_{RS1}(t)$ 明显大于 $R_{RS2}(t)$,说明为了提高系统的可靠性应该将 SUM 故障转化为 OLM 故障,而不是交换上管和下管的驱动信号。虽然 RS1 和 RS4 实施后,SRM 系统均进入缺相运行状态,但是 $R_{RS1}(t)$ 大于 $R_{RS4}(t)$,说明开关管相比于二极管来说是更重要的器件,因此当设计系统时应该增加成本选用高可靠性的开关管。为了进一步对比说明,将可靠性指标 B10、B20 和 MTTF 呈现于图 4-8(d)中,同样证明了上述分析结果。同时当 RS3 策略实施时,MTTF 的提高比例达到 28.47%,从而实现了修正策略的可靠性定向选择。

为了验证修正策略在不同负载和不同转速情况下选取的有效性,随机选取 5 个工作点,按照上述方法计算不同修正策略下的 MTTF,结果如表 4-6 所示。其中,$MTTF_1 \sim MTTF_5$ 分别为正常运行、RS1、RS2、RS3 和 RS4 实施后功率变换器的 MTTF。从表中可以看出,当负载和转速变化时,在 RS3 修正策略下,功率变换器的 MTTF 增长幅度最大,均达到 28% 以上,从而进一步验证了修正策略选取的有效性。

表 4-6   不同负载和转速下修正策略的选取

序号	n_s /(r/min)	T_1 /(N·m)	$MTTF_1$ /a	$MTTF_2$ /a	$MTTF_3$ /a	$MTTF_4$ /a	$MTTF_5$ /a	最优修正策略	提高幅度
1	400	0.40	17.25	20.62	19.58	22.09	18.86	RS3	28.10%
2	500	1.00	11.02	13.21	12.85	14.46	12.12	RS3	31.20%
3	800	0.35	13.18	15.82	15.24	17.39	14.52	RS3	31.94%
4	1 000	1.00	11.50	13.96	13.20	14.80	12.37	RS3	28.47%
5	1 500	0.30	12.86	15.25	14.65	16.56	13.98	RS3	28.88%

4.5   实验验证

为了验证所提故障诊断方法及修正策略选取的有效性,将诊断电路植入到所搭建的实验平台中,对应的实施原理如图 4-9(a)所示。

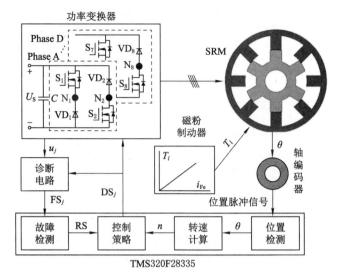

（a）实验原理框图

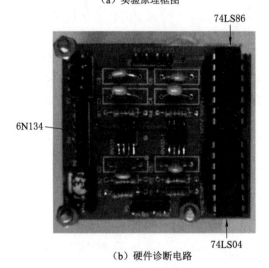

（b）硬件诊断电路

图 4-9　实验原理框图及硬件诊断电路

　　将控制器生成的驱动信号作为诊断电路的输入,结合中点电压的检测,将诊断电路输出的故障判别信号 FS_j 传输给控制器。然后按照图 4-5（b）所示的诊断流程,确定故障类型。最后运行按照定量的可靠性分析结果选取的修正策略（RS）,提高 SRM 系统的可靠性。同时为了降低诊断过程中的电磁干扰,将图 4-4所示的诊断电路在 Altisum 6.0 中绘制原理图,并打样生成 PCB 电路板,如

图 4-9(b)所示。接下来,采用所搭建的硬件平台,分别进行 CCC 策略、APC 策略、同一相多级故障、不同相多级故障、不同拓扑变换器和动态运行过程下的故障诊断,验证所提故障诊断方法的有效性以及修正策略可靠性定向选取的必要性。

在 CCC 控制策略下,θ_{on}、θ_{off}、n^* 和负载转矩分别设置为 0°、25°、1 000 r/min 和 1 N·m。图 4-10(a)所示为 OUM 故障下的故障发生标志 $Flag_1$、DS_1、TN_1、i_a 和上管故障确认标志 $Flag_2$ 的实验波形。可以看出在故障发生之前,DS_1 和 TN_1 的变化趋势几乎同步,与前文理论分析一致,证明了所设计诊断电路的有效性。

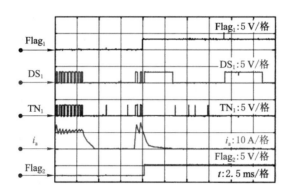

（a）OUM故障

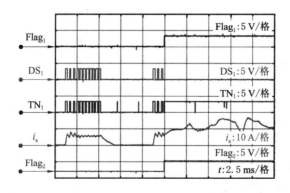

（b）SUM故障

图 4-10　CCC 策略下功率开关管故障诊断

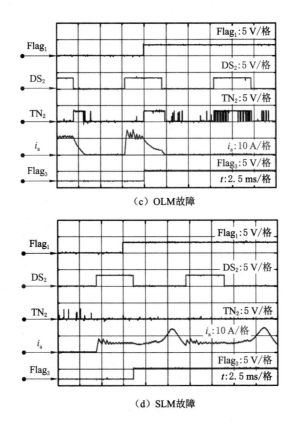

（c）OLM故障

（d）SLM故障

图 4-10（续）

由于 OUM 故障发生在电流下降阶段，即 $Flag_1$ 的高电平出现在 DS_1 为低电平的时候，此时 S_1 关断，因此故障不会对系统的运行有影响，可以从 i_a 具有正常的变化趋势看出。当电流下降到 $I_{ref}-\Delta i$ 之后，闭环控制会将 DS_1 由低电平转化到高电平，而由于 S_1 故障无法开通，因此 TN_1 保持低电平，从而使 FS_1 为高电平，表现出明显的故障特征，5 μs 之后 $Flag_2$ 置位确认故障发生，该诊断情形与情况Ⅲ相同。由于此时 DS_1 为高电平，因此确定 OUM 故障发生。

当 SUM 故障发生在电流下降阶段时，即图 4-6(a)情况Ⅳ出现时，上管 S_1由关断状态立刻转变为开通状态，从而使 TN_1 跳变为高电平，由于此时 i_a 的幅值始终位于 $I_{ref}-\Delta i$ 到 $I_{ref}+\Delta i$ 之间，因此 DS_1 状态保持低电平不变，从而 DS_1 和 TN_1 的一致性遭到破坏，FS_1 变为高电平，经过 5 μs 延时后，$Flag_2$ 变为高电平，确认故障发生，如图 4-10(b)所示。由于此时 DS_1 为低电平，说明故障类型为 SUM。值得注意的是，由于 SUM 故障后，母线电压直接施加在绕组两端，容易产生过电流,因此为避免系统停机,应该期待诊断时间尽可能地短。在本书所提故障诊断方法下,7 μs诊断时间内,电流仅上升0.1 A,方便后续实施修正策略有效避免过电流和系统停机。

OLM故障发生后,下管S_2由导通状态转变到关断状态,使TN_2变为高电平,从而使下管故障发生标志(Flag$_3$)置位。由于此时DS_1为高电平,可以从i_a缓慢零电压续流下降看出,因此可以确认故障类型为OLM,如图4-10(c)所示。其中Flag$_3$为下管故障确认标志。

图4-10(d)所示为SLM故障后Flag$_1$、DS$_2$、TN$_2$、i_a和Flag$_3$的实验波形,由于斩单管模式下导通区间内DS$_2$始终为高电平,因此导通区间无明显故障特征,而一旦进入关断区间,DS$_2$和TN$_2$电平状态由互斥变为一致,进而能够容易地检测到SLM故障。

综上分析可知,故障前后系统的运行情况与3.3.1小节的理论分析过程相同,从而验证了所提故障诊断方法的有效性。

当实施APC策略时,采用闭环控制调节关断角的方式实现。当U_S、θ_{on}、n^*和负载转矩分别设置为12 V、0°、1 500 r/min和0.3 N·m,此时经闭环调节后θ_{off}为16.8°。由于APC策略下DS$_1$和DS$_2$在导通区间内均为高电平,因此OUM和OLM故障对系统影响程度相同,但是由于桥臂的不对称性,诊断过程中信号的变化情况不同,分别如图4-11(a)和(b)所示。当OUM故障发生后,TN$_1$由高电平变为低电平,而OLM故障出现后,TN$_2$由低电平变为高电平,但是两种情况均会触发诊断流程,进而在7 μs内检测到故障类型。与CCC策略下的SLM故障诊断情况类似,APC策略下需要进入续流区间才能诊断到SUM和SLM故障,如图4-11(c)和(d)所示。

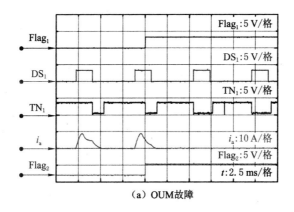

(a) OUM故障

图4-11   APC策略下功率开关管故障诊断

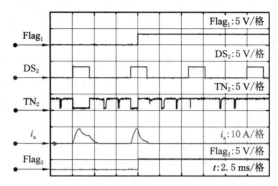

（b）OLM故障

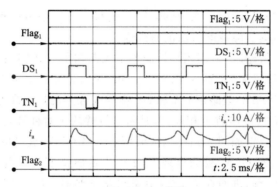

（c）SUM故障

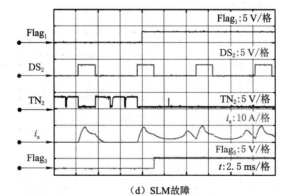

（d）SLM故障

图 4-11（续）

图 4-12(a)所示为 A 相同时发生 OUM 和 OLM 故障时 Flag$_1$、i_a、i_b、Flag$_2$ 和 Flag$_3$ 的实验波形,可以看出对应的故障类型均能被快速检测到。此时 θ_{on}、θ_{off}、n^* 和负载转矩分别设置为 0°、25°、600 r/min 和 0.6 N·m。由于故障发生在电流下降阶段,因此 OUM 故障在进入电流上升阶段后才会被诊断出来,而 OLM 故障的诊断不受电流上升或下降阶段的影响,因此 OLM 故障在 OUM 故障之前得到确认。当 A 相在电流上升阶段同时发生 OUM 和 SLM 故障后,此时诊断情形与情况 I 和情况 Ⅵ 相同,能够在 7 μs 内检测到 OUM 故障,而必须在进入续流区间 5 μs 后才能判断出 SLM 故障,如图 4-12(b)所示。因此所提故障方法对于一相功率器件多级故障的诊断拥有良好的应用效果。

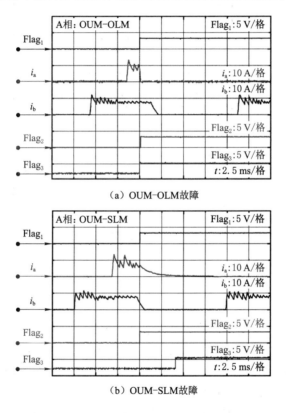

（a）OUM-OLM故障

（b）OUM-SLM故障

图 4-12　A 相功率开关管多级故障诊断

图 4-13(a)所示为 A 相发生 OUM 故障和 B 相发生 OLM 故障后的实验波形。由于故障发生时 A 相和 B 相的电流均在上升阶段,因此二者几乎同时实现故障诊断。此时 θ_{on}、θ_{off}、n^* 和负载转矩分别设置为 0°、25°、600 r/min 和 0.6 N·m。图 4-13(b)所示为 A 相发生 OUM 故障和 B 相发生 SLM 故障后的实验

波形,表明所提方法能够实现准确的故障诊断与定位。因此可知所提的故障诊断方法能够适用于不同相功率器件多级故障的判别与定位。

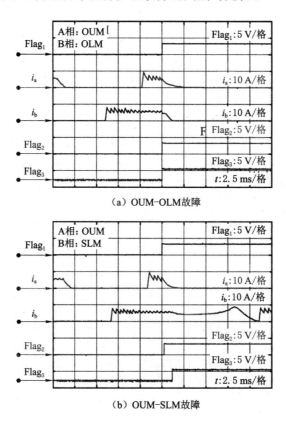

（a）OUM-OLM故障

（b）OUM-SLM故障

图 4-13　A 相和 B 相功率开关管多级故障诊断

在转速或者负载变化的动态过程中,SRM 系统的电热应力的频率或者强度要明显大于稳态运行过程,因此更容易发生故障。为了验证所提方法在动态过程中的有效性,本书首先将 n^* 从 600 r/min 增加到 1 000 r/min,此时相电流增加到最大的参考电流,从而使 n 快速跟随 n^* 的变化,然后将 n^* 从 1 000 r/min 减小到 800 r/min,此时相电流减小到 0,使 n 快速减小到 n^*,如图 4-14(a)所示。其中,Flag 为故障标志,$Flag_2$ 和 $Flag_3$ 任意一个为高电平就会使 Flag 置位,证明有故障发生。在上述加速和减速过程中,故障标志 Flag 均保持低电平不变,不会出现误诊断。在负载从 0.35 N·m 增加到 1.0 N·m 或者从 1.0 N·m 减小到 0.35 N·m 的过程中,n 在负载突变的过程有一定程度的波动,但能够在 200 ms 内达到 n^*,同时也不会有误诊断信号出现,如图 4-14(b)所示。综上所述,本书所提的方法能够有效克服转速或者负载动态变化对诊断过程的影响,具有良好的鲁棒性。

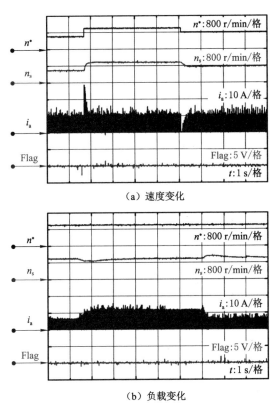

（a）速度变化

（b）负载变化

图 4-14　所提故障诊断方法动态过程有效性验证

　　为了拓宽所提出故障诊断方法的应用范围,本书将其应用于低成本米勒型功率变换器的故障诊断中。考虑到米勒型变换器公共管故障后,系统只能停机,而不能采取在线修正策略保证系统的继续运行,因此以 VCC 策略下的下管故障诊断为例进行分析。当米勒型变换器下管开路故障发生后,由于此时对应的驱动信号为高电平,因此能够快速定位故障,如图 4-15(a)所示。当下管短路故障发生后,同样需要在进入续流区间之后,才能在 5 μs 后检测到故障类型,如图 4-15(b)所示。相比于 AHBPC 的下管短路故障,此时下管短路故障发生后的过电流明显增大,因此快速诊断的效果更好。由以上实验结果证明,本书所提故障诊断方法能够用于不同变换器拓扑,具有良好的通用性。

　　值得说明的是,图 4-10 可以直接用来进行可靠性定向选取修正策略的验

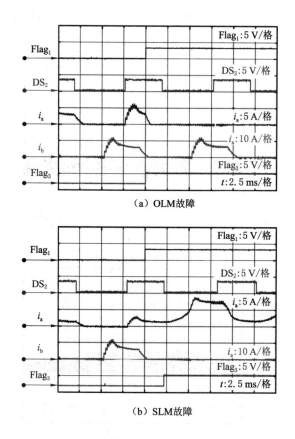

（a）OLM故障

（b）SLM故障

图 4-15　所提故障诊断方法对于米勒型功率变换器的有效性验证

证。当 RS1 策略实施后，对比图 4-10（b）和图 4-10（c）可知，A 相峰值电流将会从 32.4 A 减小到 0 A，由于 OLM 故障下系统存活，因此 RS1 可将 SUM 下的失效状态转化为存活状态。RS2 策略实施后，AHBPC 运行状态与 SLM 故障后的运行状态相同，由图 4-10（b）和图 4-10（d）的对比可以得出，此时系统也由失效状态变为存活状态。RS3 策略将 SLM 故障转化为 OUM 故障后，由于电流续流时间缩短，生成负转矩减小，因此效率会明显提升。RS4 策略后运行状态与 RS1 或者 RS3 修正策略相同。综上所述，修正策略实施后的存活状态可以被验证，进而可以证明所建功率变换器 Markov 模型的有效性。

　　为了进一步确保可靠性定向选择修正策略的有效性，将不同策略下的功率器件稳态结温总结于表 4-7。其中 RS1、RS3 和 RS4 实施后，系统均处于缺相运行状态，与 OUM 运行结温分布相同。从表中可以看出仿真结温（T_{jE}）和实验结温（T_{jS}）的最大误差（ΔT_j）仅为 2.76 ℃，因此可以进一步证明热仿真模型的有效性。将实验测得的 T_j 用来计算不同修正策略下 AHBPC 的 MTTF,并在表 4-8 中与仿真条件下 MTTF 的计算结果进行对比。从表中可以看出,MTTF 的最大误差仅为 0.48 年,因此验证了修正策略选取的有效性。

表 4-7 不同运行条件下结温对比

运行情况	功率器件	T_{jS}/℃	T_{jE}/℃	ΔT_j/℃	误差/%
正常	S_1	49.08	49.93	0.85	1.70
	VD_1	53.62	54.35	0.73	1.57
	S_2	51.48	48.72	2.76	−5.66
	VD_2	48.36	49.02	0.72	1.35
OUM	S_3	45.63	44.58	1.05	−2.36
	VD_3	49.26	50.47	1.21	2.40
	S_4	47.54	46.69	0.85	−1.82
	VD_4	45.08	45.83	0.78	1.70
SLM	S_1	54.44	55.35	0.91	1.64
	VD_1	65.83	67.47	1.64	2.43
	S_2	60.22	58.46	1.76	−3.01
	VD_2	53.44	52.32	1.12	−2.14
FS_2	S_1	57.36	58.16	0.80	1.38
	VD_1	53.17	52.09	1.08	−2.07
	S_2	54.16	51.58	2.58	−5.00
	VD_2	62.18	60.43	1.75	−2.90

表 4-8 不同修正策略下 MTTF 对比

修正策略	$MTTF_{Sim}$/a	$MTTF_{Exp}$/a	误差/a
正常	11.52	11.36	0.16
RS1	13.96	13.48	0.48
RS2	13.20	12.96	0.24
RS3	14.80	14.44	0.36
RS4	12.38	12.12	0.36

表中 $MTTF_{Sim}$ 和 $MTTF_{Exp}$ 分别为仿真和实验条件下计算得到的 MTTF。

表 4-9 所示为现有的故障诊断方法与本书所提的故障诊断方法的性能对比。从表中可以看出,现有的故障诊断方法通常只针对一种拓扑 AHBPC 或者

电压源逆变器(voltage source inverter, VSI),而所提的方法适用于多种功率变换器拓扑,包括 AHBPC 和米勒型拓扑(miller-type power converter, MTPC)等。另外,所提方法不受控制策略的限制,适用于 VCC、CCC 和 APC 策略。对于 VCC 和 APC 策略来说,相比于基于电流或者电压信息的故障诊断方法,能够有效降低诊断成本。而对于 CCC 策略来说,虽然需要额外的诊断电路,但是诊断时间能够明显降低,达到微秒级。对于四相 8/6 样机来说,当 n 为 1 000 r/min 时,T_{ph} 为 10 ms,因此对于文献[204]所提的方法 t_d 也为 10 ms。虽然文献[25]能够降低 t_d,但是最大的 t_d 也达到了 3.3 ms。而对于文献[211]和[212]提出的方法,t_d 与电磁特性直接相关。对于本书的样机来说,t_d 会大于 3 ms。虽然文献[206]同样能够将 t_d 降低到微秒级,但是只能检测到开路故障,同时需要电机的先验知识。对于本书所提的故障诊断方法,不依赖于电机的电磁特性和先验知识,t_d 能够达到 7 μs。由于 OUM 和 OLM 故障对系统的影响相同,因此通常只是检测出 OM 故障,而不区分 OUM 和 OLM 故障[24,206]。但是 OUM 和 OLM 故障的准确判断能够有效降低维修时间,增强系统的可用率,而本书所提故障诊断方法能够满足上述要求,成功判定 OUM、SUM、OLM 和 SLM 故障。最后,所提故障诊断方法能够在线实施,进而能够在不停机的条件下运行选取的修正策略,保证系统的稳定可靠运行。

表 4-9 诊断方法性能对比

诊断方法	适用拓扑	控制策略	额外传感器	t_d	故障类型	先验知识	是否在线
文献[204]	AHBPC	转矩控制	0	T_{ph}	OM、SM	否	否
文献[25]方法 I	AHBPC	VCC	1	$0.17T_{ph}$	OM、SUM、SLM	否	是
文献[25]方法 II	AHBPC	VCC	2	$0.33T_{ph}$	OM、SUM、SLM	否	是
文献[206]	VSI	CCC	0	0.02 ms	OUM、OLM	是	是
文献[214]	AHBPC	APC,CCC	1	—	OUM、OLM、SUM、SLM	是	是
文献[215]	AHBPC	CCC	0	—	OUM、OLM、SUM、SLM	是	是
本书	AHBPC、MTPC,等	APC、VCC、CCC 等	0	7 μs	OUM、OLM、SUM、SLM	否	是

4.6　本章小结

有效的故障诊断方法和修正策略选取对于提高使用阶段开关磁阻电机系统的可靠性至关重要。本书提出了一种在线无传感器功率变换器故障诊断方法，并从可靠性角度定向选取了修正策略。本章主要内容总结如下：

（1）分析了不对称半桥功率变换器中功率开关管故障对系统的影响，给出了不同开关管故障下电流路径的变化情况，进而获取了正常和故障运行条件下开关管驱动信号与对应桥臂中点电压的关系。

（2）提出了采用驱动信号和中点电压特征关系在故障前后的不一致性作为诊断特征量，分别设计了针对奇数桥臂和偶数桥臂的低成本诊断电路，避免了采样过程，实现了微秒级的故障诊断。

（3）给出了不同开关管故障下的修正策略，建立了能够反映修正策略影响的系统级可靠性评估模型，定量获得了可靠性最优的修正策略，此时可靠性提高幅度达到 28％以上。

（4）制作了诊断电路的 PCB 电路板，分别进行了所提诊断方法在不同控制策略、多级故障和多种拓扑下的实验，验证了所提故障诊断方法的有效性和修正策略可靠性定向选取的必要性。

5 SRM 系统高可靠性功率变换器设计

5.1 引言

对于 SRM 系统来说,常规的 AHBPC 拥有简单的结构、良好的可控性和优良的容错能力,但是在其应用过程中同样会出现一些影响系统运行性能的问题。首先,AHBPC 需要的功率器件的数目过多,电容容值过大,这不仅增加了系统的成本,而且降低了系统的可靠性;其次,同一种功率器件驱动信号不同,造成电热应力分布和失效率不同,无法满足先进维护策略对同类元器件应该具有相同失效率的要求;最后,虽然各相桥臂的独立性使变换器自身具有很强的容错能力,但是功率开关管开路故障发生后,故障相输出转矩为零,进而需要增大其他相的输出,保证对负载转矩和转速的跟踪,而这种情况出现会进一步加剧功率器件热分布的不平衡度,恶化转矩脉动,从而影响系统运行的安全性和稳定性。AHBPC 的上述不足,直接影响了其在低成本和高可靠性要求场合的应用前景。

现有的研究提出了多种低成本拓扑的功率变换器结构来降低系统的成本和增强系统的可靠性[177-179,208-210],但是低成本拓扑可能带来容错能力的下降和热应力的增强,因此可能降低而不是提高系统的可靠性[177-179]。虽然现有的容错拓扑能够提高系统的可靠性,但是往往需要增加功率器件的数目。文献[208]采用裂相式拓扑增强单相开关磁阻发电机的可靠性,但是需要两个额外的开关管。文献[209]提出采用集成分布式拓扑来增强五相 SRM 系统的容错能力,但是每极绕组需要两个开关管和两个二极管。从以上分析可以看出,现有的研究缺少能够同时满足低成本和高可靠性要求的拓扑。

为了在降低 SRM 系统成本的同时提高可靠性,本书提出了一种新的集成化功率变换器拓扑。首先,依据传统电压斩波、电流斩波和角度位置控制策略的需求,给出了所提变换器拓扑在不同运行模式下的电流路径,保证了控制策略的有效实施;然后提出了一种基于串联导通的新型控制策略,减少了同一时刻工作元器件的数目,降低了电热应力;接下来,分析了所提变换器中开关管在不同故障下的运行情况,并提出了对应的容错策略;同时,设立了宽松和严厉两种失效判别标准,定量获取了所提变换器和容错策略对 SRM 系统可靠性的提高效果;最后进行了仿真和实验,验证了所提拓扑和理论分析的有效性。

5.2　高可靠性功率变换器拓扑

5.2.1　传统低成本拓扑

　　文献[177]研究表明每相仅需一个开关管和一个二极管即可满足 SRM 系统的运行需求。在此基础上,裂相式功率变换器和 m-switch 变换器成了低成本变换器的典型代表[177-182]。裂相式变换器能够减少所需功率器件的数目,但是需要两个大容值的电容来稳定中点电压[179],如图 5-1(a)所示。当任意一个开关管故障后,中点电压的波动程度会明显增强,从而会影响其余健康相的正常运行,因此相比于 AHBPC,裂相式功率变换器的容错能力明显降低。图 5-1(b)所示为 m-switch 变换器,每相只需要一个开关管和两个二极管,且不增加直流母线电容的数目。同时文献[18]的研究成果表明,m-switch 变换器的动态性能强于 AHBPC,但是 m-switch 任一开关管开路,会使两相失去励磁路径,因此容错能力同样会降低。综上分析可以看出,低成本功率变换器往往会带来容错能力的降低,进而会影响系统的可靠性。

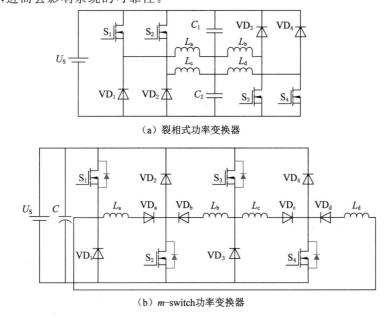

（a）裂相式功率变换器

（b）m-switch功率变换器

图 5-1　典型的低成本功率变换器

5.2.2 新型集成功率变换器拓扑

为了实现 SRM 系统的高可靠性运行,新型功率变换器拓扑应该满足如下条件:① 元器件数目少,利用率高;② 能够缺相运行,容错能力强;③ 控制性能良好,能够灵活方便地实施常用的控制策略;④ 功率器件开路故障时,故障相有一定的输出,进而可以降低故障条件下的转矩脉动;⑤ 元器件电热应力减小,失效率降低。为了满足上述条件,本书提出了一种新型集成化功率变换器(novel integrated power converter,NIPC)拓扑,如图 5-2 所示。所提出的 NIPC 拓扑适用于任意相 SRM 系统的驱动,每相桥臂包括两个开关管和一个二极管,其中 $VD_1 \sim VD_8$ 为对应开关管的寄生二极管。例如对于桥臂 1 来说,S_1 和 S_8 为开关管,VD_1 和 VD_8 分别为 S_1 和 S_8 寄生的二极管,VD_a 为单独的二极管。绕组两端分别连接在一相桥臂单独二极管的阴极和相邻桥臂二极管的阳极,例如 A 相绕组分别连接在 VD_a 的阴极和 VD_b 的阳极。通常来说,所需的桥臂数等于 SRM 的相数,因此对于多相电机来说,所提 NIPC 能够节约更多的器件。同时各个桥臂结构相同,容易实现集成化和模块化。

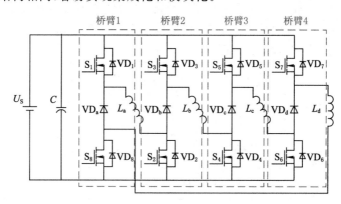

图 5-2　提出的新型集成化功率变换器

5.3　常规运行方式

当实施传统控制策略时,功率变换器必须能够提供基本的励磁模式、零电压续流模式和负电压续流模式,而所提的 NIPC 能够有效地满足上述要求。为了降低转矩脉动,在软斩波运行模式下,各相的导通区间应该重合,因此一个相电流周期可以被分为 8 个运行区间,如图 5-3(a)所示。例如,当 A 相单独位于导通区间时,定义为 A 区间;当 A 相和 B 相均位于导通区间时,定义为 AB 区间。以 CCC 策略为例,此时共有 8 个可能的运行模式,如图 5-3(b)所示,其中模式 1~4 发生在 A 区间,而模式 5~8 发生在 AB 区间。

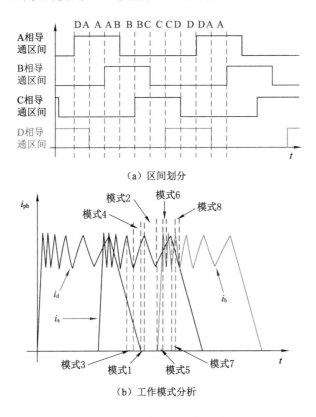

（a）区间划分

（b）工作模式分析

图 5-3　区间划分及工作模式分析

　　模式 1 为 A 相励磁模式,此时 S_1 和 S_2 开通,对应的电流路径如图 5-4(a)所示。该模式下运行情况与 AHBPC 中的励磁模式相同,其电压方程如式(5-1)所示。

$$U_S = u_a + 2u_M \qquad (5\text{-}1)$$

　　模式 2 为 A 相零电压续流模式,此时 S_1 关断,S_2、VD_8 和 VD_a 导通,使绕组中储存的能量通过内阻和功率器件的导通压降消耗,对应的电流路径如图 5-4(b)所示。此时,电压方程如式(5-2)所示。

$$0 = u_a + u_D + u_{DM} + u_M \qquad (5\text{-}2)$$

　　模式 3 为 D 相进入负电压续流模式而 A 相位于励磁模式,此时对应的电压方程如式(5-3)所示。

$$\begin{cases} U_{\mathrm{S}} = u_{\mathrm{a}} + 2u_{\mathrm{M}} \\ -U_{\mathrm{S}} = u_{\mathrm{d}} + 2u_{\mathrm{D}} + u_{\mathrm{DM}} - u_{\mathrm{M}} \end{cases} \qquad (5\text{-}3)$$

式中，u_{DM} 为开关管寄生二极管 VD_8 的压降。

值得说明的是，此时上管 S_1 的电流 (i_{S_1}) 应力相比于 AHBPC 明显减小。当 AHBPC 运行在 D 相负电压续流模式和 A 相励磁模式时，由于各相的独立性，i_{S_1} 等于 i_{a}。而对于所提出的 NIPC，此时 D 相的负电压续流电流不用经过上管，而能够直接回馈给 A 相，用来提供励磁能量，因此电源提供给 A 相的能量会减小，这意味着 i_{S_1} 等于 A 相和 D 相的电流之差，如式 (5-4) 所示。

$$i_{\mathrm{S}_1} = i_{\mathrm{a}} - i_{\mathrm{d}} \qquad (5\text{-}4)$$

由式 (5-4) 可知，此时的电流路径与 i_{S_1} 大小直接相关。当 $i_{\mathrm{a}} > i_{\mathrm{d}}$ 时，i_{S_1} 正向地从 S_1 的漏极流向源极，如图 5-4(c) 所示；当 $i_{\mathrm{a}} = i_{\mathrm{d}}$ 时，此时 i_{S_1} 等于 0，没有电流流过 S_1，此时电流路径如图 5-4(d) 所示；当 $i_{\mathrm{a}} < i_{\mathrm{d}}$ 时，电流路径同样如图 5-4(c) 所示，只是 i_{S_1} 反向地从 S_1 的源极流向漏极。

模式 4 为 D 相和 A 相分别处于负电压续流模式和零电压续流模式。当 $i_{\mathrm{a}} > i_{\mathrm{d}}$ 时，D 相将会被强迫进入零电压续流模式，此时电流路径如图 5-4(e) 所示，对应的电压方程如式 (5-5) 所示。

$$0 = u_{\mathrm{a}} + u_{\mathrm{d}} + 2u_{\mathrm{D}} + 2u_{\mathrm{DM}} + u_{\mathrm{M}} \qquad (5\text{-}5)$$

当 $i_{\mathrm{a}} = i_{\mathrm{d}}$ 时，D 相和 A 相进入串联导通零电压续流模式，如图 5-4(d) 所示。当 $i_{\mathrm{a}} < i_{\mathrm{d}}$ 时，电流路径会发生明显的变化，如图 5-4(f) 所示。此时电压方程如式 (5-6) 所示。

$$\begin{cases} 0 = u_{\mathrm{a}} + u_{\mathrm{d}} + 2u_{\mathrm{D}} + 2u_{\mathrm{DM}} + u_{\mathrm{M}} \\ -U_{\mathrm{S}} = u_{\mathrm{d}} + 2u_{\mathrm{D}} + u_{\mathrm{DM}} - u_{\mathrm{M}} \end{cases} \qquad (5\text{-}6)$$

模式 5 为 A 相和 B 相同时进入励磁模式，此时 S_1、S_2、S_3 和 S_4 同时保持开通，使 A 相和 B 相单独励磁，对应的电流路径和电压方程分别如图 5-5(a) 和式 (5-7) 所示。

$$\begin{cases} U_{\mathrm{S}} = u_{\mathrm{a}} + 2u_{\mathrm{M}} \\ U_{\mathrm{S}} = u_{\mathrm{d}} + 2u_{\mathrm{M}} \end{cases} \qquad (5\text{-}7)$$

模式 6 为 A 相和 B 相分别进入励磁模式和零电压续流模式。在该模式下，开关管 S_2 的电应力将会明显减小，而流过 S_2 电流 (i_{S_2}) 的方向与 i_{a} 和 i_{b} 的大小直接相关，如式 (5-8) 所示。

$$i_{\mathrm{S}_2} = i_{\mathrm{a}} - i_{\mathrm{b}} \qquad (5\text{-}8)$$

当 $i_{\mathrm{a}} > i_{\mathrm{b}}$ 时，i_{S_2} 正向地从 S_2 的漏极流向源极，对应的电流路径和电压方程分别如图 5-5(b) 和式 (5-9) 所示。值得说明的是，由于 S_2 和 S_4 压降相抵消，因此 B 相此时的零电压续流相比于 AHBPC，下管会有更小的功耗。

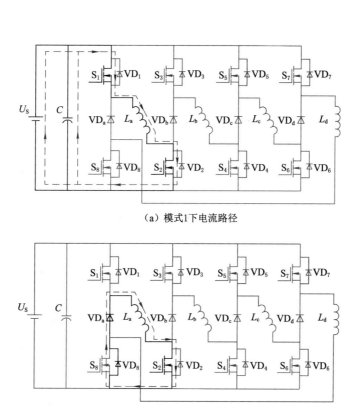

（a）模式1下电流路径

（b）模式2下电流路径

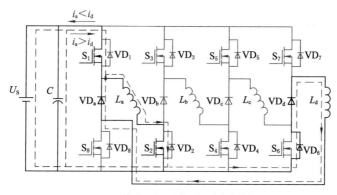

（c）模式3下$i_a > i_d$或$i_a < i_d$时电流路径

图 5-4　A 区间可能的电流路径

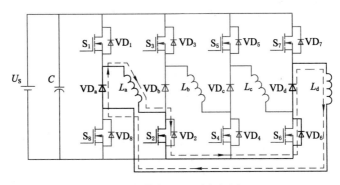

（d）模式3下$i_a = i_d$时电流路径

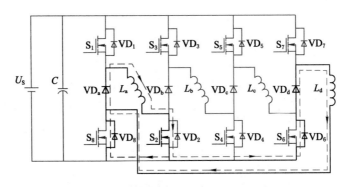

（e）模式4下$i_a > i_d$时电流路径

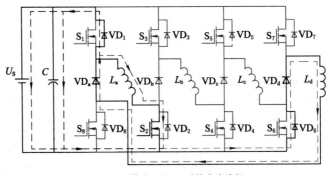

（f）模式4下$i_a < i_d$时的电流路径

图 5-4（续）

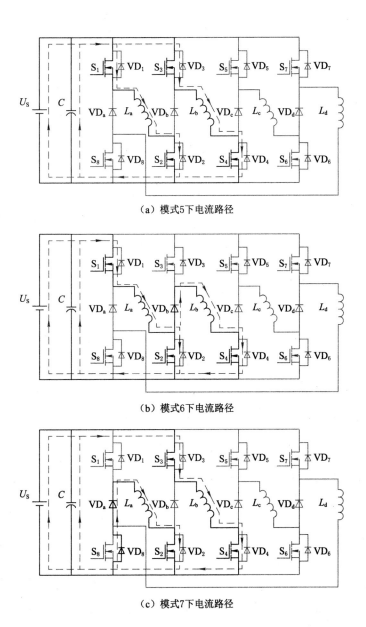

（a）模式5下电流路径

（b）模式6下电流路径

（c）模式7下电流路径

图 5-5   AB 区间可能的电流路径

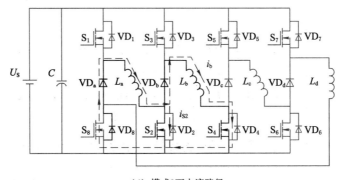

（d）模式8下电流路径

图 5-5（续）

$$\begin{cases} U_S = u_a + 2u_M \\ 0 = u_b + u_D \end{cases} \quad (5\text{-}9)$$

当 $i_a = i_b$ 时,此时 A 相和 B 相经 S_1、VD_b 和 S_4 串联励磁,i_{S_2} 等于 0。值得说明的是,此时 i_a 在励磁状态逐渐上升而 i_b 在零电压续流模式逐渐下降,因此该状态很短暂。当 $i_a < i_b$ 时,i_{S_2} 反向地从 S_2 的源极流向漏极,而电流路径和电压方程与 $i_a < i_b$ 时的情况相同。

模式 7 为 A 相和 B 相分别进入零电压续流模式和励磁模式,此时 A 相和 B 相电流路径独立,如图 5-5（c）所示。对应的电压方程如式（5-10）所示。

$$\begin{cases} 0 = u_a + u_{DM} + u_D + u_M \\ U_S = u_b + 2u_M \end{cases} \quad (5\text{-}10)$$

模式 8 为 A 相和 B 相同时进入零电压续流模式,此时 i_{S_2} 的方向也取决于 i_a 和 i_b 的大小关系。当 $i_a > i_b$ 时,i_{S_2} 正向地从 S_2 的漏极流向源极,对应的电流路径如图 5-5(d)所示。对应的电压方程如式（5-11）所示。

$$\begin{cases} 0 = u_a + u_{DM} + u_D + u_M \\ 0 = u_b + u_{DM} + u_D + u_M \end{cases} \quad (5\text{-}11)$$

当 $i_a = i_b$ 时,S_2 关断,A 相和 B 相经 VD_b、S_4 和 VD_a 零电压续流。当 $i_a < i_b$ 时,i_{S_2} 反向流过 S_2,电流路径同样如图 5-5(d)所示,而电压方程如式（5-12）所示。

$$\begin{cases} 0 = u_a + u_{DM} + u_D + u_M \\ 0 = u_b + u_{DM} + u_D + u_M \end{cases} \quad (5\text{-}12)$$

从以上 A 区间和 AB 区间的运行模式可以看出,所提出的 NIPC 能够很好地提供 SRM 系统运行所需的励磁模式、零电压续流模式和负电压续流模式,因此能够灵活地实施各种常用控制策略。同时可以看出各相能够实现独立运行控制,开关器件的电流应力相比于 AHBPC 有明显程度的降低,从而能够一定程度上降低元器件的故障率,增强系统的可靠性。

5.4　串联导通运行方式

由前文的可靠性分析结果可知,对于 SRM 系统来说,相比于二极管,开关管是更薄弱的环节,因此有必要采取一定的策略来降低开关管的电热应力。当实施传统控制策略时,虽然流过 NIPC 中开关管的电流相对于 AHBPC 来说有所减小,但是 NIPC 可以提供两相串联励磁或者零电压续流的电流路径,如图 5-5(b) 和 5-5(d) 所示。基于 NIPC 的两相串联导通模式,本书提出了新型的控制策略。当转子位于 A、B、C 和 D 区间时,其运行原则与传统控制策略相同;而当转子进入 AB、BC、CD 和 DA 区间时,采用三种新型的工作模式来实施所提出的控制策略。以 AB 区间为例进行说明,当 A 相和 B 相需要励磁时,进入新型控制策略的模式 I,开通 S_1 和 S_4 使 A 相和 B 相串联导通,对应的电流路径如图 5-6(a) 所示。此时电压方程如式(5-13)所示,可以看出此时仅需要开通两个开关管,相比于 AHBPC 和传统控制策略下的 NIPC,同一时刻工作的开关管的数目从四个减少到两个。

$$U_S = u_a + u_b + 2u_M + u_D \tag{5-13}$$

当 A 相和 B 相零电压续流时,进入模式 II,此时仅需要开通 S_4,如图 5-6(b) 所示。对应的电压方程如式(5-14)所示。

$$0 = u_a + u_b + u_M + 2u_D + u_{DM} \tag{5-14}$$

需要指出的是,由于在 AB 区间同时控制 A 相和 B 相,因此不会出现 A 相零电压续流而 B 相励磁,或者 A 相励磁而 B 相零电压续流的情形,但是从 A 区间进入 AB 区间时,VD_3 当 $i_a > i_b$ 时,A 相的能量一部分直接回馈给 B 相,另一部分需要导通 VD_3 使多余的能量回馈给电源,因此会出现模式 III,其电流路径和电压方程分别如图 5-6(c) 和式(5-15)所示。

$$0 = u_a + u_M + u_D + u_{DM} \tag{5-15}$$

上述新型串联导通控制策略实施后,同一时刻工作的开关器件的数目从传统控制策略下的四个减少为两个,如图 5-7 所示。从图中可以看出,当传统控制策略实施时,任意开关管均在三个区域内进行工作,例如 S_1 和 S_2 在 DA、A 和 AB 区间工作,工作时间的长短受开通角和关断角的影响。而新型控制策略实施后,每个功率器件只在两个区间工作,例如 S_1 工作在 A 和 AB 区间,而 S_2 工作在 DA 和 A 区间。可以得出,此时每个开关管只工作四分之一个相电流周

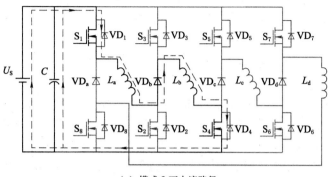

（a）模式Ⅰ下电流路径

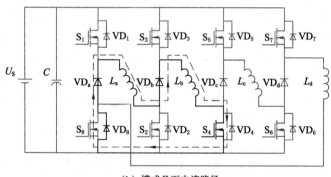

（b）模式Ⅱ下电流路径

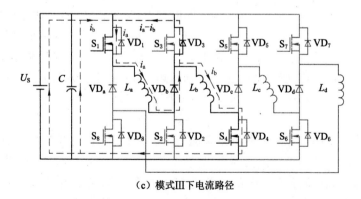

（c）模式Ⅲ下电流路径

图 5-6　新型控制策略下的电流路径

期,而不受开通角和关断角的影响。考虑到各相导通区间通常情况下会重合,因此开关管的工作时间会明显缩短,从而能够有效降低电热应力。

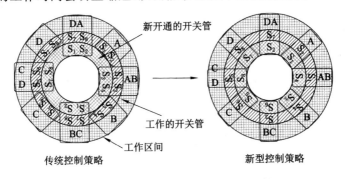

图 5-7   传统和新型控制策略下工作开关管对比

5.5   器件选型

基于前文所述的 NIPC 的运行模式,可以完成器件的选型。当确定开关管和二极管的定额时,首先应该确定功率器件的电压应力。对于上管 S_1、S_3、S_5 和 S_7 来说,当对应相位于零电压续流模式时,上管承受最大电压应力。例如当 A 相零电压续流时,如图 5-4(b)所示,此时 S_1 承受最大的电压应力,如式(5-16)所示。

$$u_{mSU} = U_S + u_D + u_{DM} \tag{5-16}$$

式中,u_{mSU} 为 S_1 承受的最大电压。

对于二极管 VD_a、VD_b、VD_c 和 VD_d 来说,当相邻两相单独励磁时,二极管承受最大的电压应力,如图 5-5(a)所示,此时 VD_b 两端最大电压(u_{mD})应力,如式(5-17)所示。

$$u_{mD} = U_S - 2u_M \tag{5-17}$$

对于下管 S_2、S_4、S_6 和 S_8 来说,当相邻两相分别处于励磁和负电压续流模式时,下管承受最大电压应力。例如图 5-4(c)所示,此时 D 相处于负电压续流状态,而 A 相处于励磁状态,S_8 承受最大电压应力(u_{mSL}),如式(5-18)所示。

$$u_{mSL} = U_S + u_D - u_M \tag{5-18}$$

考虑到 u_M、u_D 和 u_{DM} 相较于 U_S 可以忽略不计,因此 u_{mSU}、u_{mD} 和 u_{mSL} 都可以被认为等于 U_S,与 AHBPC 相同。而对于电流应力,由前文分析可知,流过功率器件的电流小于或等于各相电流,因此最大的电流应力等于相电流,同样与 AHBPC 相同。因此可知所提出的 NIPC 中的功率半导体器件的电压和电流定额与 AHBPC 相同。

直流母线电容两端的电压等于母线电压,而其容值需要进行专门的设计。通常情况下,直流母线电容被期望能够缓冲励磁电流或者回馈的负电压续流电流带来的功率波动。依据文献[213-215]的研究结论,直流母线电容设计时应该主要考虑负电压续流电流带来的能量波动。考虑到电容的响应速度明显快于储能电池,如果假设从电源吸收的能量是恒定的,则功率波动主要由电容电压波动产生。当向绕组励磁时,电容电压降低,而绕组储能回馈给电容时,电容电压升高。考虑到电容电压下降时,能够快速通过电池进行充电,同时电压下降带来的转速波动能够通过电机旋转时的惯性进行弥补。而过电压可能超过功率器件的额定电压,直接击穿器件,因此回馈能量带来的电压升高是确定电容容值的重要因素。按照文献[213]的研究结果可知,容值 C、电容两端电压 u_{dc}、u_{dc} 的波动 Δu_{dc} 和回馈能量 W_{fe} 的关系如式(5-19)所示。

$$\frac{1}{2}C\left(u_{dc} + \Delta u_{dc}\right)^2 - \frac{1}{2}Cu_{dc}^2 = W_{fe} \qquad (5\text{-}19)$$

进一步可以获得 C 如式(5-20)所示。

$$C = \frac{2W_{fe}}{\Delta u_{dc}(2u_{dc} + \Delta u_{dc})} \qquad (5\text{-}20)$$

从上式可以看出,有两种策略能够降低 C 的值。第一种策略是降低 W_{fe}。图 5-8 所示为 SRM 运行过程中能量转化图,在导通区间电能转化为机械能和绕组储能,而进入续流区间时,绕组储能转化为电能回馈到电源。在传统控制策略实施时,W_{fe} 最大可能等于绕组里面的磁储能,进而可能需要大容值电容。文献[214]通过改变控制策略将负电压续流改为零电压续流,保证绕组储能不反馈,也能有效降低所需电容的容值。第二种方法通过增加前端升压装置增大 u_{dc},进而实现电容容值的减小[213,215]。值得说明的是,所提 NIPC 能够减少绕组磁储能回馈到电源的部分,进而使需要的直流电容的容值明显小于 AHBPC。首先分析 AHBPC 需要的电容容值。以 A 区间的运行情况为例进行说明,当 A 相零

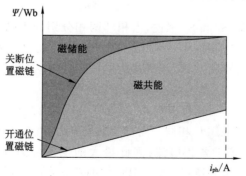

图 5-8　SRM 的能量转化示意图

电压续流而 D 相负电压续流时,此时 D 相储能直接回馈给电容,如图 5-9(a)所示;当 A 相励磁而 D 相负电压续流时,若 $i_a > i_d$ 或者 $i_a = i_d$,此时 W_{fe} 等于 0,D 相能量直接用来给 A 相励磁;而当 $i_a < i_d$ 时,此时 W_{fe} 为 D 相储能与 A 相励磁能之差,如图 5-9(b)所示。由于 i_d 在负电压下会快速减小,因此 $i_a < i_d$ 时回馈的能量只占很小的部分。

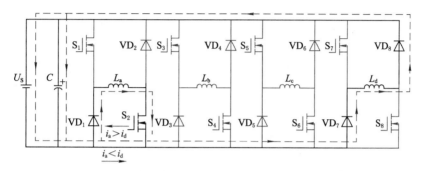

(a) A相零电压和D相负电压续流模式时的电流路径

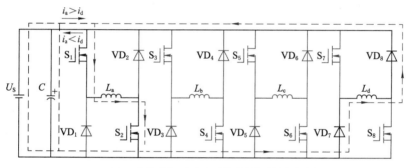

(b) A相励磁和D相负电压续流模式时的电流路径

图 5-9　AHBPC 中电流回馈路径

当所提 NIPC 运行传统控制策略时,只有当退磁相电流大于励磁相电流时,绕组储能才会回馈到电容,如图 5-4(c) 和 5-4(f) 所示。因此从上述分析可以看出,当 A 相励磁而 D 相负电压续流时,即使 $i_a > i_d$ 或者 $i_a = i_d$,也不会有绕组储能回馈到电容,因此相比于 AHBPC 来说 W_{fe} 明显减少。而在所提新型控制策略实施时,W_{fe} 能够进一步减小到 0。由于串联导通,在 DA 区间,$i_a = i_d$,因此进入 A 区间后,不会出现退磁电流大于励磁电流的情形,没有能量反馈,W_{fe} 等于 0。可以看出所提出的 NIPC 拥有更少的反馈能量,因此 NIPC 所需的电容会明显小于 AHBPC。而当所提 NIPC 与 AHBPC 电容相同时,NIPC 能够更好地避免过电压。例如,当 θ_{on}、θ_{off}、U_S、n^*、T_l 和 C 分别设置为 $0°$、$30°$、12 V、300 r/min、0.35 N·m 和 $4\,700$ μF 时,通过 MATLAB/Simulink 可以计算得到 AHBPC 和 NIPC 下的 Δu_{dc} 分别为 0.71 V 和 0.15 V,可以看出 NIPC 下的电压波动仅为 AHBPC 的 21.12%。

综上分析可知,NIPC 在减少元器件数目的同时不会带来器件定额的增加。

5.6   故障模式分析

与 AHBPC 相同,电容短路和二极管短路故障能够直接导致 NIPC 的电源直通,因此可以认为系统失效。而二极管开路故障同样会使绕组缺少退磁路径,产生过电压导致系统失效。由于电池的响应速度小于电容,因此电容开路故障后,电池会被频繁充放电,但是 NIPC 依然能够运行。然而开关管故障对 NIPC 的影响程度取决于故障类型及运行条件。而对于器件选型良好的功率变换器,在规定的寿命周期内,认为驱动电路故障是功率器件失效的主要原因[43]。而在老化周期内,自身物理参数退化是功率器件故障的主要原因。接下来,开关管的故障模式分析主要针对规定寿命周期内的 NIPC。

5.6.1   下管故障

以 A 相为例,图 5-10(a)所示为 NIPC 下管短路(short circuit of lower MOSFET,SLM)故障示意图。故障发生后,在 DA、A 和 AB 区间,A 相保持运行。但是其余区间,A 相由快速负电压续流转变到以图 5-4(b)所示的电流路径进行零电压续流,与 AHBPC 中的 SLM 故障相同,此时将会产生额外的负转矩,降低系统的效率。尤其是当给定转速大于基速时,故障相的负转矩会快速增加,影响系统的平稳运行。但是由于闭环控制的作用,在负转矩生成区间可以增大健康相的输出,进而使 SRM 系统依然能够跟随给定转速和负载转矩的变化。值得说明的是,由于二极管 VD_d 和 VD_a 阳极之间的电压差,将使 D 相在 C 区间提前励磁,如图 5-10(b)所示。但此时 D 相电感变化率很小,因此生成的转矩很小,几乎不会对系统的运行产生影响。图 5-10(c)所示为 NIPC 下管开路故障(open circuit of lower MOSFET,OLM)示意图。与 AHBPC 不同,此时 A 相还有一定的励磁路径。在 AB 区间,通过 B 相下管 S_4 构成 AB 串联导通的电流路径,如图 5-6(b)所示。但是在 DA 区间 D 相零电压续流时可能出现四相串联导通的励磁路径,如图 5-10(d)所示。由于对称性,各相生成的转矩可以相互抵消,进而能够降低转矩脉动和转速波动,因此 SRM 系统依然能够运行。

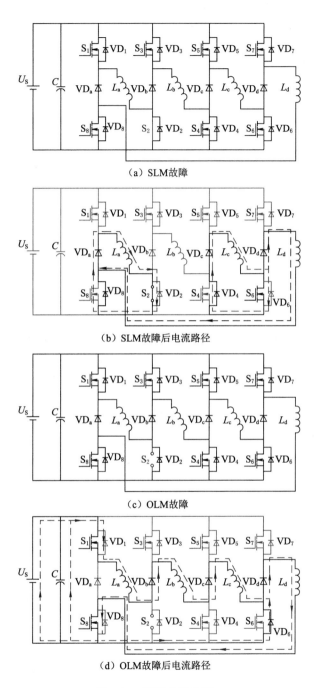

（a）SLM故障

（b）SLM故障后电流路径

（c）OLM故障

（d）OLM故障后电流路径

图 5-10　下管故障分析

5.6.2 上管故障

与 AHBPC 类似,当上管短路(short circuit of upper MOSFET,SUM)故障发生后,如图 5-11(a)所示,故障相处于失控状态,出现过大的电流和转矩幅值,进而造成转速和转矩的严重脉动,因此 NIPC 在 SUM 故障下不能存活。图 5-11(b)所示为上管开路(opern circuit of upper MOSFET,OUM)故障示意图。OUM 故障发生后,在 DA 区间,A 相会失去励磁路径,损失部分相转矩。在 A 区间,由于 S_2 保持开通,D 相的退磁能量会直接用来给 A 相励磁。在 AB 区间,如果 S_3 开通,此时 B 相进入励磁状态,但是 D 相和 A 相串联经 S_2、VD_6、VD_d 和 VD_a 零电压续流,如图 5-11(c)所示。如果 S_3 关断,此时 D 相、A 相和 B 相均处于零电压续流状态,如图 5-11(d)所示。从以上分析可以看出,OUM 故障后,故障相存在部分励磁路径,因此转矩脉动和转速脉动会有一定程度的降低。

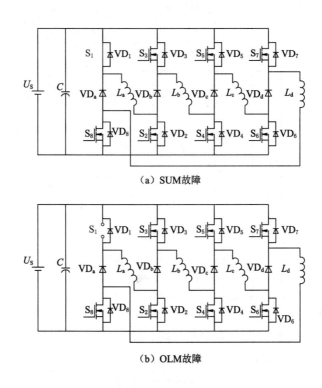

(a)SUM故障

(b)OLM故障

图 5-11　上管故障分析

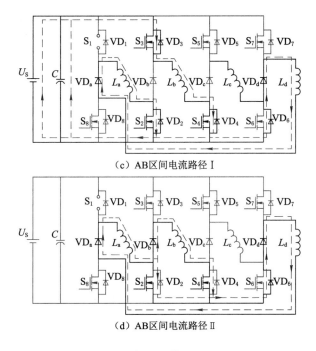

（c）AB区间电流路径Ⅰ

（d）AB区间电流路径Ⅱ

图 5-11（续）

5.7 高可靠性运行

虽然 NIPC 能够在开关管故障发生后继续运行，但是系统的运行效率和稳定性会受到一定程度的影响。为了提高系统的运行性能，本书提出了针对 OLM 和 OUM 故障的容错策略，其中 SUM 故障后可以手动或者通过继电器切除驱动信号，将其转化为 OUM 故障；SLM 故障后，当 γ 小于 10％时，直接让 SRM 系统保持故障运行；当 γ 大于 10％，触发系统失效判别标准后，应该将 SLM 故障转化为 OLM 故障。

SRM 样机的转矩特性如图 5-12（a）所示。其中，T_a、T_b、T_c 和 T_d 分别为 A 相、B 相、C 相和 D 相的电磁转矩。从图中可以看出，对于 A 相来说，在 A 区间和 AB 区间时，相同电流下生成的转矩远大于 DA 区间。基于上述原则，本书提出了增大故障相转矩输出的容错策略。在 DA 区间，不加容错策略时，闭环控制会使 S_1 一直保持开通，当 D 相下管 S_8 开通时，会形成四相串联导通的情况。为了避免上述情况的出现，在 DA 区间应该主动关闭 S_1，封锁多相导通的励磁通道。此时由于转子位于 DA 区间，A 相转矩损失较小，同时在闭环的作用下可以增大 D 相的输出，弥补 A 相的转矩损失，保证系统的稳定运行。进入 A 区间后，由图 5-12（a）可以看出，此时 B 相转矩较小，因此此时开通 S_1 和 S_4，使 A 相和 B 相串联导通,对应的工作模式如图 5-6 所示。在 AB 区间时,主动关断 S_3,使 A 相和 B 相继续保持串联运行。在进入其他区间后,不需要改变任何驱动信号,SRM 系统即可平稳运行。将上述容错策略下工作区间与开关管的关系总结于图 5-12(b)。由于容错策略实施后 A 相能够在 A 区间和 AB 区间保持正常工作,因此故障相的输出转矩会明显增大。

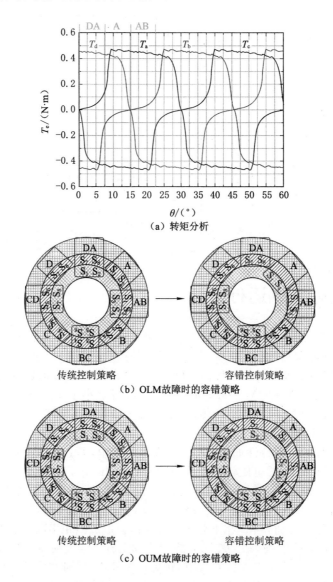

（a）转矩分析

（b）OLM 故障时的容错策略

（c）OUM 故障时的容错策略

图 5-12　传统控制策略下 NIPC 的容错运行

与 OLM 故障后容错策略类似,图 5-12(c)所示为 OUM 故障下 NIPC 的容错策略。在 DA 区间,主动关断 S_1 和 S_8,开通 S_7 和 S_2 使 D 相和 A 相串联导通工作,从而使 A 相能够正常励磁,输出部分转矩。在进入 A 和 AB 区间后,仅开通 S_2,使 A 相零电压续流。上述容错策略实施后,虽然故障相能够保证部分转矩输出,但是由于 DA 区间的转矩分布小于 A 区间和 AB 区间,因此 OUM 故障后容错策略的实施效果不如 OLM 故障后容错策略的实施效果。

上述针对传统控制策略的容错方法,同样适用于新型控制策略。图 5-13(a)所示为新型控制策略实施时 OLM 故障的容错方法,可以看出在 DA 和 A 区间需要做出驱动信号改变,而在 AB 区间实施容错策略时,驱动信号保持与新型控制策略相同。图 5-13(b)所示为新型控制策略实施后 OUM 故障的容错方法,在 DA 区间驱动信号无须改变。而在 A 和 AB 区间,驱动信号的改变方式与传统控制策略容错运行时相同。从以上分析可以看出,当采用新型控制策略时,只需改变故障相相关区间中的两个区间,而传统控制策略下三个区间均需改变,因此可知新型控制策略具有更高的容错性能。

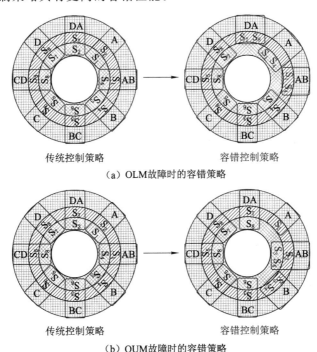

传统控制策略　　　　　　容错控制策略

（a）OLM故障时的容错策略

传统控制策略　　　　　　容错控制策略

（b）OUM故障时的容错策略

图 5-13　新型控制策略下 NIPC 的容错运行

图 5-14 所示为所提出的 NIPC 容错策略实施流程图。其中,第 k 相为当前导通相,第 $k-1$ 相为上一个导通相,第 $k+1$ 相为下一个导通相。通过第 3 章提出的在线故障诊断方法,能够很好地判别故障类型和发生位置。然后,采用图 5-12 和图 5-13 所示的容错策略增强系统的带故障运行能力。

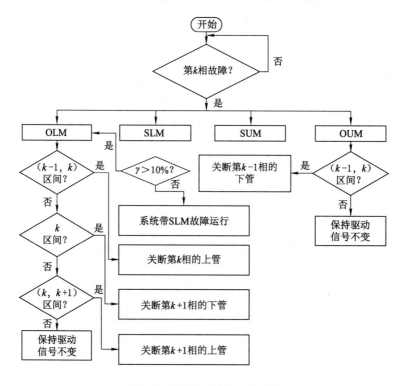

图 5-14 NIPC 容错策略流程图

5.8 综合可靠性评估

5.8.1 静态可靠性分析

为了定量说明 NIPC 对 SRM 系统可靠性的提高效果,将第二章提出的组合可靠性模型用来进行静态可靠性和动态可靠性的分析。由于 SRM 和检测环节不需要做出任何改变,因此只需采用组合模型对功率变换器的可靠性进行分析。首先进行静态可靠性分析。为了方便分析,将静态可靠性模型重新绘制,如图 5-15(a)所示,结合表 2-3 所示的失效率数值,可以得到从 NOS 状态转移到

FFS 状态的等效失效率 λ_{eq}。当环境温度设置为 22 ℃、温升为 30 ℃ 的时候,可以定量得到 AHBPC 和 NIPC 的静态可靠度 $R_1(t)$ 和 $R_2(t)$,分别如式(5-21)和式(5-22)所示。

$$R_1(t) = e^{-19.09t} \tag{5-21}$$

$$R_2(t) = e^{-18.19t} \tag{5-22}$$

图 5-15(b)对比了 $R_1(t)$ 和 $R_2(t)$ 随时间的变化情况,表明 NIPC 的静态可靠性明显高于 AHBPC 的静态可靠性。为了研究不同结点温度对静态可靠性的影响,图 5-15(c)对比了 T_j 从 25 ℃ 变化到 85 ℃ 时,NIPC 和 AHBPC 的 MT-TF,此时 NIPC 在整个结温变化范围内均具有更高的 MTTF,因此所提拓扑能够提高系统的静态可靠性。

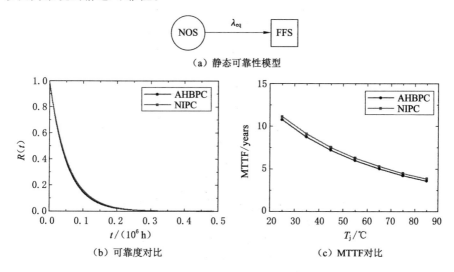

（a）静态可靠性模型

（b）可靠度对比　　　　　　（c）MTTF对比

图 5-15　AHBPC 和 NIPC 的静态可靠性分析

5.8.2　动态可靠性分析

当进行动态可靠性分析时,为了模拟不同应用场合对可靠性的要求,本书设置两种失效判别标准。第一种称为宽松的失效判别标准:当 γ 小于 10% 且 i_p 小于 30 A 时,SRM 系统存活;否则失效。第二种称为严厉的失效判别标准,当 γ 小于 5% 且 i_p 小于 30 A 时,SRM 系统存活;否则失效。由前文的故障分析可知,只需将四种开关管故障注入仿真模型中,检测其是否触发失效判别标准,由于 i_p 只在 SUM 故障下大于 30 A,且此时对应的 γ 大于 10%,而其他故障发生后,i_p 均小于 30 A,因此只通过 γ 即可定量确定系统的运行状态,如图 5-16(a)所示。从图中可以看出，在宽松标准下，只有 SUM 故障使系统失效，因此能够建立 AHBPC 和 NIPC 的 Markov 模型，如图 5-16(b)所示。其中状态符号的含义如表 5-1 所示。

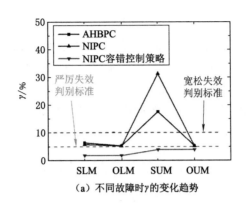

（a）不同故障时γ的变化趋势

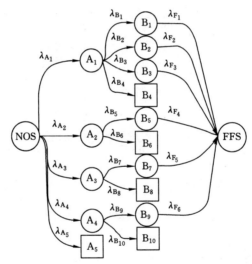

（b）宽松失效标准下的Markov模型

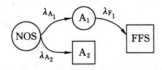

（c）严厉失效标准下AHBPC和NIPC的Markov模型

图 5-16 AHBPC 和 NIPC 的动态可靠性模型

表 5-1　AHBPC 和 NIPC 在宽松标准下 Markov 模型中状态符号含义

符号	含义	符号	含义
A_1	OC	A_2	SLM
A_3	OLM	A_4	OUM
A_5	失效	B_1	A_1 状态下 SLM
B_2	A_1 状态下 OLM	B_3	A_1 状态下 OUM
B_4	A_1 状态下失效	B_5	A_2 状态下 OC
B_6	A_2 状态下失效	B_7	A_3 状态下 OC
B_8	A_3 状态下失效	B_9	A_4 状态下 OC
B_{10}	A_4 状态下失效		

在严厉的失效判别标准下,在 OUM、SUM、OLM 和 SLM 故障发生后,γ 均大于 5%,因此系统处于失效状态。此时,AHBPC 和 NIPC 的 Markov 模型除了正常运行下的存活状态外,仅包含 OC 故障后的存活状态 A_1,其余状态均为失效状态,如图 5-16(c) 所示。而当所提容错策略实施后,分别将 SLM 和 SUM 故障运行状态转化为 OLM 和 OUM 故障运行状态,此时 γ 分别仅为 1.76% 和 3.88%,因此不会触发宽松和严厉的失效判别标准。此时的可靠性模型相较于图 5-16(b),会增加三个存活状态:SUM 故障后的存活状态,SUM 存活状态下发生 OC 故障后的存活状态和 OC 存活状态下发生 SUM 故障后的存活状态。

模型建立完成后,按照前文所述的 Markov 模型的求解方法,可以获得 AHBPC、NIPC 和容错运行下的 NIPC 在不同失效判别标准下的动态可靠度如式(5-23)~(5-27)所示。

$$R_3(t) = 0.82\mathrm{e}^{-14.52t} + 0.57\mathrm{e}^{-13.73t} - 2.58\mathrm{e}^{-19.09t} - 1.81\mathrm{e}^{-18.31t} +$$
$$2.35\mathrm{e}^{-17.82t} + 1.65\mathrm{e}^{-17.04t} \tag{5-23}$$

$$R_4(t) = 0.86\mathrm{e}^{-13.84t} + 0.60\mathrm{e}^{-13.06t} - 2.63\mathrm{e}^{-18.19t} - 1.84\mathrm{e}^{-17.41t} +$$
$$2.35\mathrm{e}^{-16.92t} + 1.65\mathrm{e}^{-16.14t} \tag{5-24}$$

$$R_5(t) = 0.59\mathrm{e}^{-19.09t} + 0.41\mathrm{e}^{-18.31t} \tag{5-25}$$

$$R_6(t) = 0.59\mathrm{e}^{-18.19t} + 0.41\mathrm{e}^{-17.41t} \tag{5-26}$$

$$R_7(t) = 0.86\mathrm{e}^{-13.84t} + 0.60\mathrm{e}^{-13.06t} - 4.98\mathrm{e}^{-18.19t} - 3.48\mathrm{e}^{-17.41t} +$$
$$4.71\mathrm{e}^{-16.92t} + 3.29\mathrm{e}^{-16.14t} \tag{5-27}$$

上述各式中 $R_3(t)$ 和 $R_4(t)$ 分别为在宽松失效判别标准下 AHBPC 和 NIPC 的动态可靠度,$R_5(t)$ 和 $R_6(t)$ 分别为在严厉失效判别标准下 AHBPC 和 NIPC 的动态可靠度,$R_7(t)$ 为容错策略实施时 NIPC 的动态可靠度。由于容错策略实施后,在两种失效判别标准下,NIPC 驱动的 SRM 系统具有相同的存活状态,因此具有相同的动态可靠度,均为 $R_7(t)$。

图 5-17(a)对比了宽松失效判别标准下的可靠度计算结果 $R_3(t)$、$R_4(t)$ 和 $R_7(t)$，此时 NIPC 的动态可靠性仍然高于 AHBPC。同时容错策略实施后，当 T_j 为 55 ℃ 时，AHBPC 和 NIPC 的 MTTF 分别为 10.58 年和 13.32 年，如图 5-17(b)所示，从而进一步证明了所提容错策略对 SRM 系统可靠性提高的有效性。图 5-17(c)对比了严厉失效判别标准下的可靠度计算结果 $R_5(t)$、$R_6(t)$ 和 $R_7(t)$，表明 NIPC 拓扑动态可靠性仍然高于 AHBPC。此时，随着结温的变化，所提容错策略对可靠性的提高效果更明显，如图 5-17(d)所示。通过以上分析可以看出，在不同失效判别标准下，NIPC 的可靠性均高于 AHBPC，同时所提容错策略也能够增强系统的可靠性，从而验证了所提 NIPC 及容错策略对系统可靠性提高的有效性。

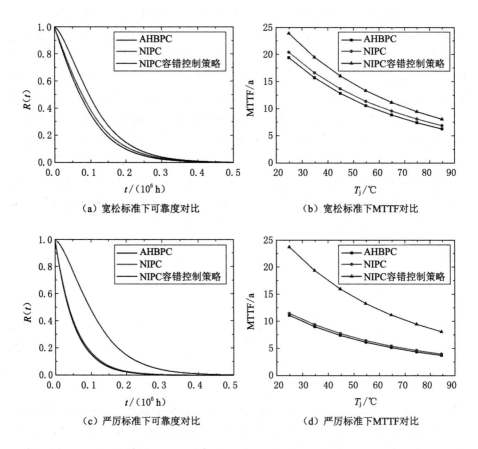

（a）宽松标准下可靠度对比　　　　　　（b）宽松标准下MTTF对比

（c）严厉标准下可靠度对比　　　　　　（d）严厉标准下MTTF对比

图 5-17　AHBPC 和 NIPC 的动态可靠性分析

5.9　仿真分析

为了验证提出的 NIPC 的运行性能和控制策略的有效性,本书在 MAT-LAB/Simulink 环境中搭建了基于 NIPC 的 SRM 系统仿真模型,其中 NIPC 的仿真模型如图 5-18 所示。

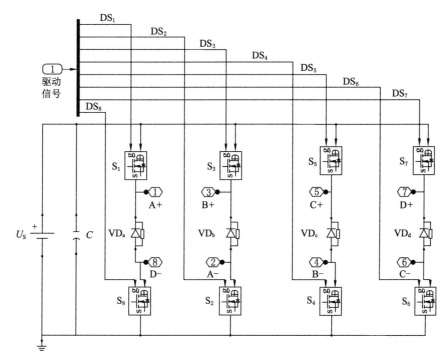

图 5-18　NIPC 的仿真模型

在传统控制策略实施时,驱动信号不需要改变,直接施加在对应的开关管上,即可驱动 SRM 系统运行。而在新型控制策略实施时,需要通过实时位置计算判断分区,然后依据分区进行驱动信号的改变。所提容错控制策略实施时,首先需要进行故障模拟,然后按图 5-12 所示的规则改变驱动信号,实现容错运行。在 APC 开环运行时,设置 U_S 为 12 V,调节开通角和关断角使运行转速达到 1 200 r/min。图 5-19(a)和图 5-19(b)分别是 SRM 系统采用 AHBPC 和 NIPC 驱动时的 i_{ph}、相转矩 T_{eph} 和总转矩 T_{total} 的波形。从图中可以看出,当 SRM 采用 AHBPC 驱动时,总的平均输出转矩为 0.96 N·m,而采用 NIPC 驱动时,总的平均输出转矩为 1.03 N·m,出力增加了 7.29%,因此采用 NIPC 不会降低

SRM 系统的稳态出力。

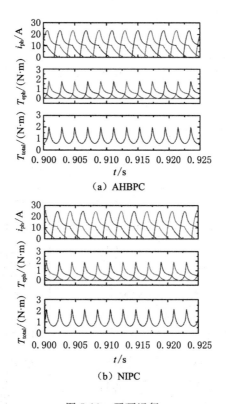

（a）AHBPC

（b）NIPC

图 5-19　开环运行

　　在闭环控制方式下，首先运行 APC 控制策略，将 U_S、n^*、T_l 和 θ_{off} 分别设置为 12 V、1 500 r/min、0.35 N·m 和 19.8°，经 PI 调节得到 θ_{on} 为 2.7°，此时 DS_1、DS_2、u_a 和 i_a 的波形如图 5-20(a) 所示，可以看出在续流区间为负电压续流模式，与 AHBPC 驱动的 SRM 系统相同。在运行 VCC、CCC 和新型控制策略时，U_S、n^*、T_l、θ_{on} 和 θ_{off} 分别设置为 24 V、800 r/min、0.35 N·m、0° 和 19.8°。图 5-20(b) 所示为 VCC 策略运行时 DS_1、DS_2、u_a 和 i_a 的波形。其中，斩波频率设定为 5 kHz。此时，在导通区间运行时，与 AHBPC 相同，NIPC 能够在励磁模式和零电压续流模式之间进行切换。但是进入续流区间之后，由于图 5-4 中模式 3 和模式 4 的存在，SRM 系统运行时由 AHBPC 的负电压续流模式转化为负电压与零电压交替续流，因此退磁时间会延长。而延长的退磁时间会随着负载增大而改善，负载增大后下一相的励磁时间和上管开通的时间会延长，从而能保证当前相的负电压续流时间增长，进而减少退磁时间。图 5-20(c) 所示为 CCC 策略实施时，

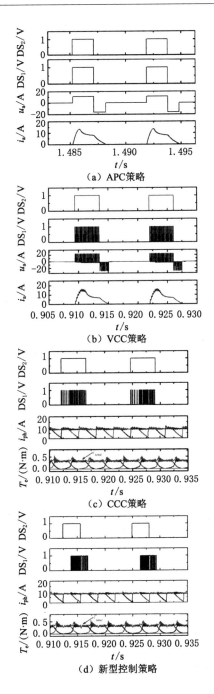

图 5-20 不同控制策略下 NIPC 的闭环运行

DS_1、DS_2、i_{ph} 和电磁转矩 T_e 的波形,其运行情况与 VCC 策略实施时相似,可以看出此时四相电流和转矩对称,同时 T_{total} 的峰值出现在两相共同导通区间,与 AHBPC 相同。图 5-20(d)所示为新型控制策略实施时,DS_1、DS_2、i_{ph} 和 T_e 的波形。与传统控制策略相比,DS_1 和 DS_2 的导通区域明显变窄,说明开关管的工作时间被缩短。当进入 AB、BC、CD 和 DA 区间时,由于下一相电流的建立需要一段上升时间,会出现类似图 5-6(c)所示的电流路径,因此在这四个区间的初始阶段,电流波形与 CCC 策略有一定的区别,造成一定的转矩下降,但是由于下降幅度只有 $0.07\ \text{N} \cdot \text{m}$,因此系统的运行不会受到影响。

为了探索系统运行的稳定性,采用转矩平滑系数(τ)来定量表征不同变换器下 SRM 系统的转矩脉动情况[21],如式(5-28)所示。

$$\tau = \min\left\{ \frac{T_{ave}}{T_{max} - T_{ave}}, \frac{T_{ave}}{T_{ave} - T_{min}} \right\} \tag{5-28}$$

式中 T_{ave}、T_{max} 和 T_{min} 分别为平均、最大和最小的总转矩。通常情况下,τ 的值越大证明 SRM 系统运行越稳定。由于转矩脉动主要发生在两相共同导通的区域,而 NIPC 的续流时间相对于 AHBPC 较长,因此当 θ_{on} 和 θ_{off} 分别为 $0°$ 和 $19.8°$ 时,采用 NIPC 驱动的 SRM 系统的转矩脉动程度大于 AHBPC,如图 5-21(a)所示。随着转速的升高,续流时间进一步增加,带来转矩脉动的恶化。但是随着导通区间的加宽,导通重合区域增加,此时所提新型控制策略运行时具有更平滑的转矩。例如当 θ_{on} 和 θ_{off} 分别为 $0°$ 和 $25°$ 时,此时采用新型控制策略时,τ 的值在整个转速变化范围内最大,拥有更平滑的转矩,如图 5-21(b)所示。综上分析可知,优化 θ_{on} 和 θ_{off} 可以作为 NIPC 驱动型 SRM 系统转矩脉动减小的重要方法。

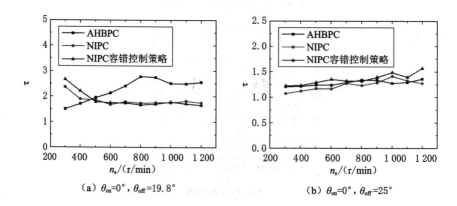

(a) $\theta_{on} = 0°$,$\theta_{off} = 19.8°$　　　　(b) $\theta_{on} = 0°$,$\theta_{off} = 25°$

图 5-21　转矩脉动分析

将 PI 控制器设置为相同的参数,分别探索采用 AHBPC、NIPC 和 NIPC 结合新型控制策略时 SRM 系统的动态性能,如图 5-22 所示。首先验证转速动态变化过程中系统的响应性能,在 $t=0.5$ s 时,将转速从 800 r/min 加速到 1 000 r/min,然后在 $t=1.0$ s 时,将转速从 1 000 r/min 减小到 600 r/min。从图中可以看出三种情况下,SRM 系统的响应时间几乎相同,均能在 120 ms 内达到稳定运行状态。为了探索负载转矩动态变化过程中 SRM 系统的响应性能,在 $t=0.5$ s 时,将转矩从 0.35 N·m 增加到 1.35 N·m,然后在 $t=1.0$ s 时,将转矩重新减小到 0.35 N·m,此时三种情况下 SRM 系统均在 100 ms 内达到稳定状态。因此可知采用 NIPC 后,SRM 系统成本降低,但是动态性能可与采用 AHBPC 时的动态性能相媲美。

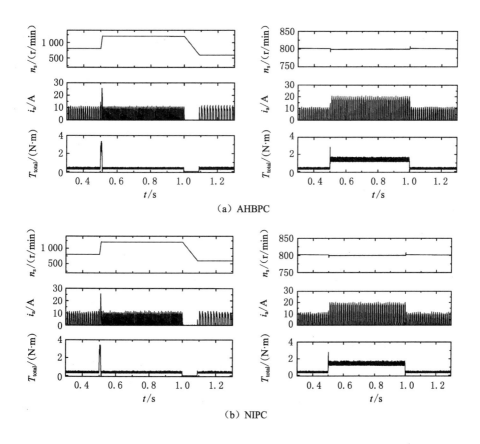

图 5-22 不同变换器驱动时 SRM 系统动态性能验证

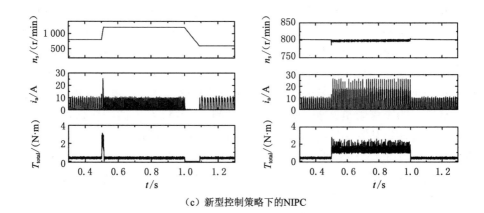

（c）新型控制策略下的NIPC

图 5-22（续）

　　本部分进行不同拓扑中功率器件承受的电应力分析，以 A 相为例进行说明。对于 AHBPC 来说，由于高额的开关频率和电流幅值，上管 S_1 承受最大的电应力，如图 5-23（a）所示。考虑到 NIPC 提供了将当前相绕组储能无须经过上管而直接回馈给下一相的电流路径，因此 S_1 承受的电应力会明显减少，如图 5-23（b）所示。可以看出在 D 相续流区域，S_1 承受的电流幅值明显小于相电流。同时在 AB 区间，由于 i_{S_2} 的幅值等于 i_a 和 i_b 之差，因此该阶段 S_2 承受的电应力也明显减小。由于采用新型控制策略时，开关管的工作时间减小，因此 S_1 和 S_2 的电应力能够进一步减少，如图 5-23（c）所示。其中，S_1 在 DA 区间电流为 0，S_2 在 AB 区间电流为 0。

　　采用 2.3 节所建的平均损耗模型，计算不同变换器中功率器件的平均损耗。图 5-24（a）所示为 AHBPC 中各个功率器件的损耗随转速的变化情况，可以看出 S_1 和 VD_1 承受的热应力较大。而对于 NIPC 来说，S_1 的损耗能够明显降低。同时各个器件之间的损耗差值减小，意味着损耗分布更加平均，如图 5-24（b）所示。新型控制策略实施后，进一步降低了 S_1 的损耗，而由于图 5-6（a）和（b）所示的运行模式的存在，VD_a 的损耗有所提高，如图 5-24（c）所示。

　　在 $t=0.5$ s 时，设置 DS_2 为高电平，触发 A 相 SLM 故障。故障发生后，i_a 在整个相电流周期内无法续流到零，因此会有负转矩生成，造成转速波动程度加剧，如图 5-25（a）所示。OLM 故障发生后，D 相的续流电流会给 A 相励磁，同时借助 A 相上管 S_1 和 D 相下管 S_8 形成的多相电流导通路径，会造成各相有一个不期望的转矩生成，但幅值较小。此时，SRM 系统的转速波动程度相对于 SLM 故障运行情况来说有一定程度的降低，如图 5-25（b）所示。

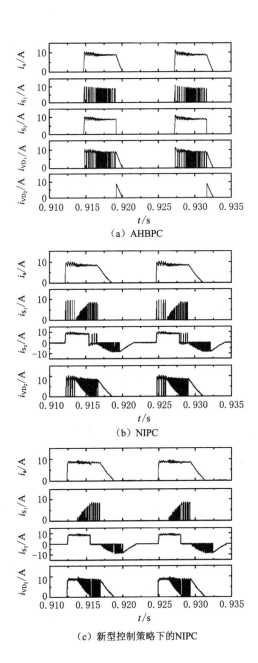

（a）AHBPC

（b）NIPC

（c）新型控制策略下的NIPC

图 5-23　不同变换器电应力分析

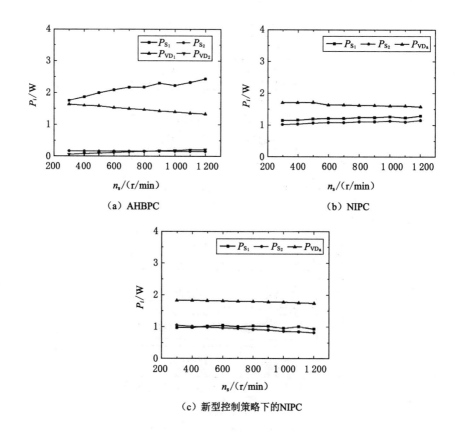

（a）AHBPC　　　　　　　　（b）NIPC

（c）新型控制策略下的NIPC

图 5-24　不同变换器中功率器件平均损耗计算

　　所提出针对 OLM 故障的容错策略实施后，多相导通情况被避免，如图 5-25（c）所示。由于 B 相提前开通，因此此时有一定的负转矩生成，但是相较于 A 相输出的转矩，其对系统的影响可以忽略。对比图 5-25（b）和（c）可以看出，此时转速波动明显下降，因此可以验证所提容错策略的有效性。

　　当 SUM 故障发生后，SRM 系统电流峰值和转速波动均能触发失效判别标准，系统失效，无法运行，因此只需研究 OUM 故障后 SRM 系统的运行情况，如图 5-26（a）所示。OUM 故障后，由于此时 S_2 保持开通，因此 D 相退磁能量能够给 A 相进行励磁。当容错策略实施后，在 AD 区间 SRM 系统正常工作，但是由于此时生成的转矩幅值较小，因此转速波动降低效果低于 OLM 故障后的容错策略，如图 5-26（b）所示。

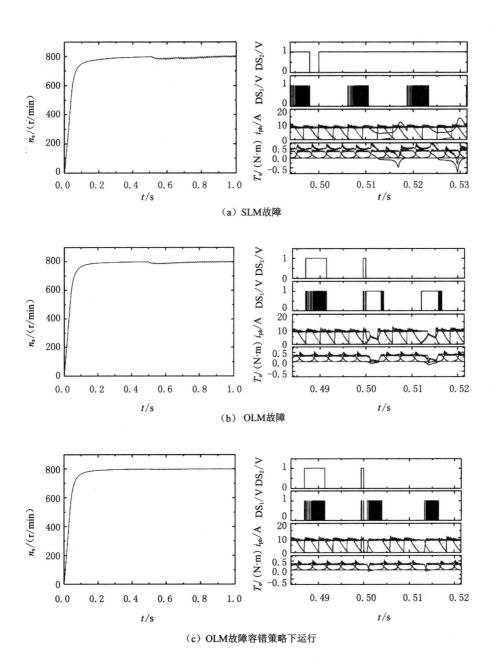

（a）SLM故障

（b）OLM故障

（c）OLM故障容错策略下运行

图 5-25　下管故障后容错运行

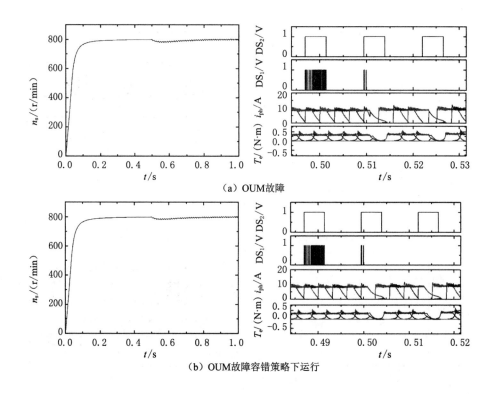

（a）OUM故障

（b）OUM故障容错策略下运行

图 5-26　上管故障后容错运行

图 5-27(a)对比了 AHBPC 和 NIPC 在正常和下管故障运行条件下的转矩平滑系数。当 θ_{off} 设置为 19.8°时，正常时 AHBPC 驱动的 SRM 系统 τ 大于 NIPC，证明其拥有更平滑的转矩。OLM 故障发生后，低速时 AHBPC 驱动的 SRM 系统 τ 大于 NIPC，随着转速升高，两者的平滑系数几乎相同。造成上述情况的原因是 NIPC 续流时间较长，造成转矩生成重合区域增加，峰值增大。而在 SLM 故障发生后，采用 NIPC 驱动的 SRM 系统的 τ 优于 AHBPC。同时容错策略实施后，相比于故障情况，τ 明显增大，进一步验证了所提容错策略的有效性。图 5-27(b)对比了 AHBPC 和 NIPC 在正常和上管故障运行条件下，SRM 系统的转矩平滑系数。OUM 故障发生后，采用 AHBPC 和 NIPC 驱动的 SRM 系统几乎具有相同的 τ。容错策略实施后，τ 只增大了 8% 左右，增强效果弱于 OLM 故障时的容错策略，与前文理论分析相吻合。

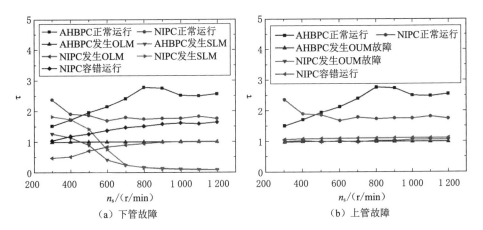

图 5-27 容错运行时转矩脉动分析

5.10 实验验证

为了验证所提 NIPC 的有效性,本书搭建了基于 NIPC 的 SRM 系统控制平台,如图 5-28 所示。搭建 NIPC 时所用器件的型号与 AHBPC 保持相同,驱动电路、A/D 采样电路、D/A 输出电路和检测电路均不需要改变。

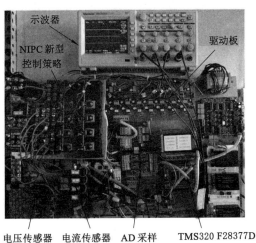

图 5-28 基于 NIPC 的控制平台

采用和仿真相同的控制参数,图 5-29(a)所示为 APC 运行策略下 i_a、u_a 和 i_{dc} 的实验波形,从图中可以看出此时 i_{dc} 始终大于 0,说明没有能量回馈到电源。而在 VCC 策略下,按照图 5-4(c)所示的工作路径,有少部分能量回馈到电源,如

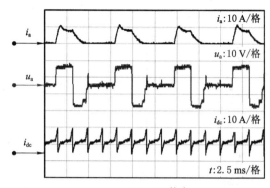

（a）APC策略

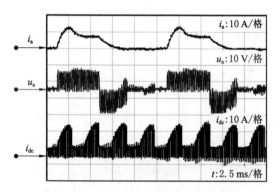

（b）VCC策略

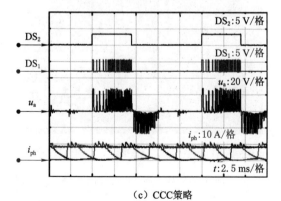

（c）CCC策略

图 5-29　稳态运行

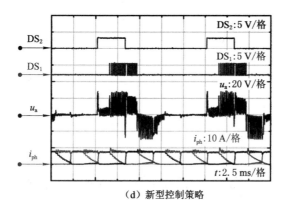

（d）新型控制策略

图 5-29（续）

图 5-29（b）所示。图 5-29（c）所示为 CCC 运行策略下 DS_2、DS_1、u_a 和 i_{ph} 的实验波形，此时四相电流幅值对称，SRM 系统运行稳定。图 5-29（d）所示为新型运行控制策略下 DS_2、DS_1、u_a 和 i_{ph} 的实验波形，可以看出与 CCC 策略相比，每个开关管仅工作四分之一个相电流周期，导通时间明显缩短。同时由于在 AB、BC、CD 和 DA 区间，两相串联导通时的电感大于单相导通时的电感，因此电流变化速率减慢，开关频率有一定程度的降低。

在转速从 800 r/min 增加到 1 200 r/min 然后减小到 600 r/min 的过程中，采用 AHBPC 驱动的 SRM 系统能够在 150 ms 内达到稳定状态，如图 5-30（a）所示。与仿真相比，达到稳定状态的时间增加了 30 ms 左右，主要是由于机械安装和摩擦等因素造成的。而在转矩从 0.35 N·m 增加到 1.35 N·m 然后重新减小到 0.35 N·m 的过程中，SRM 系统也能够快速达到稳定的运行状态，如图 5-30（b）所示。当 SRM 系统采用 NIPC 驱动时，在转速和负载的变化过程中同样能够在 150 ms 内达到稳定运行状态，同时响应速度比 AHBPC 快 9.73 ms，如图 5-30（c）和图 5-30（d）所示。因此可知，虽然 NIPC 所需元器件数目减少，但是不会降低 SRM 系统的动态响应能力。实验和仿真结果较好吻合，验证了所提 NIPC 的有效性。

在相同的实验条件下，分别测量 NIPC 在 CCC 策略和新型控制策略下功率器件的电流应力，如图 5-31（a）和图 5-31（b）所示。与图 5-23 所示的仿真结果相同，NIPC 上管 S_1 的电流应力在单独导通区间明显减小，同时 VD_a 和 S_2 的电流应力在上一相续流区间也能够获得降低。而当新型控制策略实施后，S_1 和 S_2 导通时间进一步缩短，从而能够降低其电应力。实验和仿真效果较好吻合。

图 5-32（a）对比了仿真和实验条件下 AHBPC 和 NIPC 的总损耗（P_{total}），此

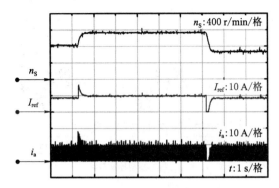

（a）AHBPC驱动下转速变化

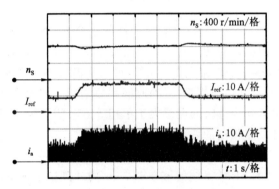

（b）AHBPC驱动下负载变化

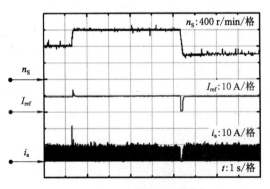

（c）NIPC驱动下转速变化

图 5-30　动态运行

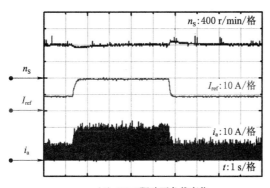

（d）NIPC 驱动下负载变化

图 5-30（续）

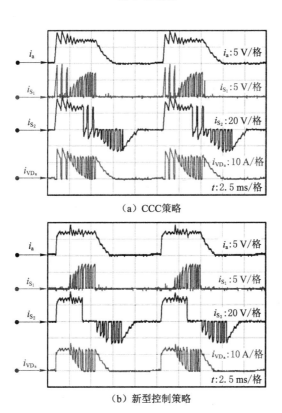

（a）CCC 策略

（b）新型控制策略

图 5-31　NIPC 中功率器件电应力分析

时仿真和实验的最大误差仅为 5.96％,从而验证了损耗分析的有效性。随着转速的升高,所提新型控制策略能够明显减少 P_{total}。由于本书采用小功率的 SRM 样机,因此变换器的效率受到了一定的影响,但是当转速高于 800 r/min 时,NIPC 采用新型控制策略驱动时效率明显高于 AHBPC,如图 5-32(b)所示。

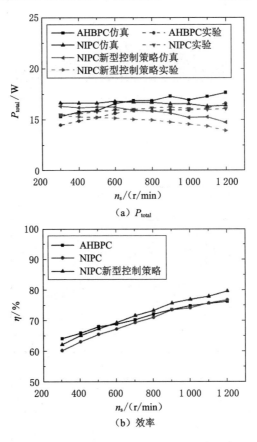

（a） P_{total}

（b）效率

图 5-32　NIPC 损耗与效率分析

图 5-33(a)所示为 SLM 故障后 n_s、i_a、i_b、i_d、DS_2、DS_1、u_a 和 i_{ph} 的波形,表明故障后 A 相电流幅值增大。此时 γ 为 8.63％,与图 5-16(a)所示的仿真结果相比增加了 1.82％,出现上述误差的原因主要是由于机械安装造成的,但是此时 γ 依旧小于 10％,因此与仿真运行相同,在宽松失效标准下处于存活状态,而严厉失效标准下 SRM 系统失效。OLM 故障发生后,SRM 系统的运行情况如图 5-33(b)所示,故障后 A 相电流的变化趋势与理论分析和仿真相同,同时 γ 为 5.76％。而所提出的 OLM 容错策略实施后,由于 A 相输出转矩进一步增大,此

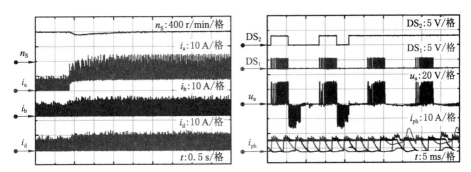

（a）SLM故障后运行

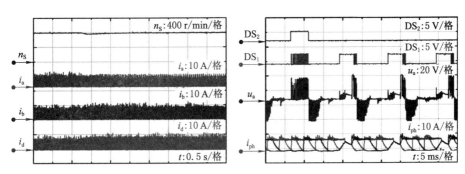

（b）OLM故障后运行

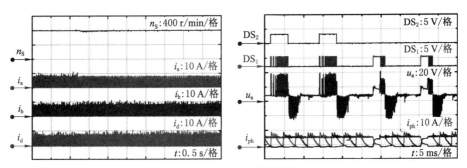

（c）OLM故障后容错运行

图 5-33　实验时下管容错运行

时 γ 减小到 2.38%,如图 5-33(c)所示,从而能够在实验条件下验证所提容错策略的有效性。

图 5-34(a)所示为 OUM 故障后 n_s、i_a、i_b、i_d、DS_2、DS_1、u_a 和 i_{ph} 的波形,此时 γ 为 5.88%,意味着 SRM 系统在宽松失效判别标准下存活,而在严厉失效判别标准下失效,和仿真时状态判定一致。同时故障相始终有电流输出,因此相比于 AHBPC 来说,故障相出力增大。在线实施提出的容错策略后,γ 减小到 4.13%,因此不会影响两种失效判别标准下运行状态的判定,如图 5-34(b)所示。对比 OLM 和 OUM 故障后容错策略的实施效果,可以看出 OLM 容错策略能够更有效地降低系统转矩脉动和转速脉动。综上所述,实验条件下,不同故障发生后 SRM 系统的运行状态和仿真时相一致,从而验证了可靠性评估结果的有效性。

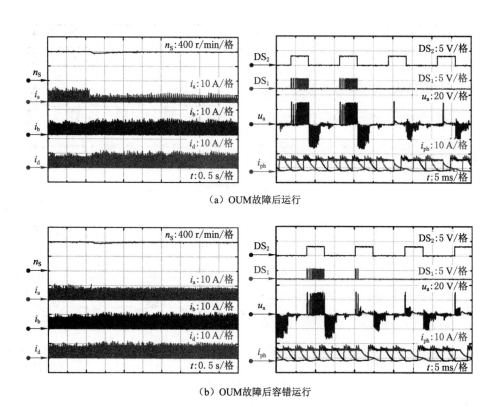

（a）OUM故障后运行

（b）OUM故障后容错运行

图 5-34　实验时上管容错运行

表 5-2 对比了现有的功率变换器和所提出 NIPC 的性能。虽然裂相式变换器需要最少的功率器件,但是容错能力降低。同时启动时控制算法较为复杂[179]。而 m-switch 变换器降低了开关管的使用数目,但是容错能力也明显降低。所提出的 NIPC 能够减少使用二极管的数目和直流母线电容的容值,降低系统的成本,同时不会对容错能力、热应力和控制算法造成负面影响,进而会使系统的静态可靠性和动态可靠性得到提高。

表 5-2　现存的变换器和 NIPC 的性能对比

类型	AHBPC	m-switch 变换器	裂相式变换器	NIPC
MOSFET 数目	$2m$	m	m	$2m$
二极管数目	$2m$	$2m$	m	m
母线电容数目	1	1	2	1
电容容值	大	大	更大	小
成本	高	较低	低	较低
容错能力	高	较高	低	高
控制算法	简单	简单	较复杂	简单
可靠性	高	较高	较高	高

5.11　本章小结

功率变换器作为 SRM 系统控制器和样机本体之间重要的执行环节,直接影响系统的运行性能。为了使系统在成本降低的同时实现可靠性的提高,本书提出了一种新型集成化功率变换器拓扑。本章的主要内容总结如下:

(1) 给出了所提变换器在单独导通区间和两相共同导通区间的基本运行模式,分析了在传统电压斩波控制策略、电流斩波控制策略和角度位置控制策略实施过程中的电流路径变化,验证了所提变换器对于传统控制策略的适用性。

(2) 考虑到开关管是功率变换器中的薄弱环节,提出了基于串联导通的新型控制策略,给出了共同导通区间内电流路径的变化情况,进行了有针对性的仿真和实验,结果表明所提策略实施后开关管的导通时间仅为相电流周期的四分之一,从而能够有效降低开关管的电热应力。

(3) 分析了所提变换器在下管和上管故障后的运行情况,分别提出了针对下管和上管故障的容错策略,仿真和实验结果证明所提容错策略增大了故障相的转矩输出,降低了转速脉动和转矩脉动。

（4）设定了宽松和严厉两种失效判别标准，给出了不同故障和容错策略实施后相电流峰值和转速脉动的变化情况，建立了两种失效判别标准下所提出的变换器和传统不对称半桥变换器的系统级可靠性评估模型。同时进行了故障模拟实验，验证了运行状态判定的有效性，从而证明了所提变换器具有更高的静态可靠性和动态可靠性。

6 SRM 系统可靠性研究应用展望

6.1 可靠性应用前景

2015 年 5 月,国务院在印发的《中国制造 2025》中将节能与新能源汽车列为十大重点发展领域之一,极大程度促进了新能源汽车的发展。据公安部统计,截至 2019 年底,我国新能源汽车保有量达到 381 万辆,较 2018 年底增长46.05%。但是相比于传统燃油汽车,新能源汽车的故障率更高。依据国家市场监督管理总局质量发展局 2018 年统计,新能源汽车召回率高达 1.5%。考虑到电机系统是新能源汽车"三纵三横"研究布局中的关键环节,其可靠性直接影响新能源汽车的故障率和安全性,因此有必要对电机系统的可靠性进行研究。

电机系统的可靠性研究不仅能够降低故障率,提升安全性能,延长寿命,而且有助于降低成本,为新能源汽车的进一步推广奠定良好的基础。在电机系统设计阶段,选择有效的可靠性模型能够改善器件选型,做到有的放矢,节省经费。在运行阶段,可靠性定量评估能够预测系统中关键环节潜在的故障隐患,有助于选取合适的可靠性提高策略防止故障传播,避免造成更大的经济损失和安全事故。同时,利用可靠性评估模型能够充分揭示运行工况、电机结构、变换器拓扑、控制参数和控制策略对电机系统可靠性的影响规律,有助于确定最优的可靠性提高策略,提升系统的安全性能。但是可靠性评估模型建立时需要综合考虑转矩脉动、容错能力和热应力等可靠性支配因素,而电机系统普遍存在的磁场耦合、功率耦合和温度场耦合作用会极大程度影响上述可靠性支配因素,增加了可靠性研究的难度。

新型拓扑的双定子开关磁阻电机(double-stator switched reluctance machine,DS-SRM)同时继承了双定子电机和开关磁阻电机的优良特性,具有制造成本低、振动噪声小、功率密度高和转矩输出能力强等优点,能够满足新能源汽车高性能驱动电机的基本要求。但是相比于单定子 SRM,DS-SRM 双定子各相之间存在着更加复杂的磁场耦合、功率耦合和温度场耦合作用,这些耦合作用会恶化 DS-SRM 系统的转矩脉动、容错能力和热应力,不仅增加了可靠性建模的难度,而且降低了系统的可靠性和安全性能。因此需要对磁场耦合、功率耦合和温度场耦合作用下 DS-SRM 系统可靠性评估和提高方法中存在的关键科学问题进行研究,厘清基于多重解耦合可靠性定量评估相结合的系统可靠性提高策略实施标准,进而能够在保证无稀土 DS-SRM 低成本、低振动噪声、高功率密度和强转矩输出能力的基础上,提升系统可靠性和安全性能,拓宽驱动电机选择范围,促进我国新能源汽车领域的产业升级。

6.2　可靠性应用难点

近年来,沿用单定子电机的理论基础、设计方法、电磁分析、控制思维和样机制造经验,双定子电机在拓扑结构设计、电磁性能优化和控制性能提升等方面取得了众多研究成果。日本京都大学 Taketsune Nakamura(中村武津)教授提出了一种不等定子齿的双定子磁通切换永磁电机拓扑,并且进行了优化设计、有限元仿真和实验对比分析,研究结果表明所提出的电机能够有效提高转矩密度。江苏大学朱孝勇教授采用多目标敏感度优化方法筛选了影响双凸极永磁型双定子电机转矩波动和铁心损耗的关键因素,并采用响应面法确定了电机最优的电磁参数,丰富了双定子电机的设计与优化方法。东南大学程明教授设计了非理想负载状态下双定子双馈发电机不平衡电压和低次谐波的补偿策略,并对变负载运行情况下系统的静态和动态特性进行了研究,为该电机在独立风能转换系统中的应用提供了理论支撑。同时,为了解决稀土材料价格上涨带来的永磁电机制造成本增加的问题,中国香港学者刘春华教授研究了少稀土材料的永磁双定子电机,拓宽了双定子电机的发展方向。而 DS-SRM 作为一种典型的无稀土电机,能够进一步降低电机的制造成本。

在 2010 年举办的 IEEE 车辆动力与推进学术会议上,美国德州大学阿灵顿分校的 Babak Fahimi(巴巴克·法希米)教授首次提出了一种燕尾齿定子、分块转子和整距绕组结构的 DS-SRM,并且通过有限元建模和样机实验验证了 DS-SRM 的有效性,从而引发了国内外研究人员对 DS-SRM 拓扑结构、设计方法和控制策略等方面的研究。Ichinokura(一野仓)教授提出了一种轴向磁通 DS-SRM 拓扑,成功制造了应用在城市公共交通的样机。有国外学者提出了一种 DS-SRM 新型设计策略,并对设计参数的耦合和绕组结构的优化进行了初步的探讨。江苏大学研究了基于磁悬浮 DS-SRM 的飞轮储能系统,提出了一种基于主绕组电流调节的控制策略,实现了发电和电动状态的平稳切换。但是相比于单定子 SRM,DS-SRM 双定子之间和各相之间均存在着更加强烈的磁场耦合、功率耦合和温度场耦合,这些耦合作用会明显恶化系统的转矩脉动、热应力分布和容错能力。磁场耦合会直接造成定子齿部、定子轭部和转子轭部的饱和，降低转矩输出能力，影响转矩脉动。在功率耦合的作用下，内外定子部分生成的转矩会直接叠加，造成电机输出转矩峰值的增大和谷值的降低，因此会进一步恶化转矩脉动。同时，由于内外定子部分热特性参数的不同，在热传导和热辐射的作用下会出现明显的温度场耦合现象。更重要的是，功率耦合会使内外定子部分产生不同的损耗，进一步加剧温度场耦合，导致热应力分布的不均衡，增加 DS-SRM 系统的故障率。在任意一相发生故障后，功率耦合的作用会使内外定子部分的工作特性均受到影响，产生更加强烈的磁场耦合、功率耦合和温度场耦合作用，加剧电、磁、热负荷分布的不均衡，进而使容错能力有一定程度的下降。

考虑到转矩脉动、热应力和容错能力均与系统可靠性直接相关，因此有必要研究磁场耦合、功率耦合和温度场耦合的解耦策略，提升 DS-SRM 系统的可靠性。但是现有解耦策略主要针对各相之间的耦合，而忽略了双定子之间的耦合，主要包括：① 采用模块化电机结构或者改变绕组连接方式进行磁场解耦。西安交通大学丁文教授和南京理工大学颜建虎教授提出了基于 U 型模块化定子的新型 SRM 拓扑，实现了短磁路运行和磁场解耦，提高了电机的功率密度。英国 B. Mecrow（B. 梅克罗）教授探索了通过改变绕组连接方式进行磁场解耦的方法，提高了电机的转矩输出能力。② 基于主动能量调节的功率解耦策略。③ 提高散热能力，削弱温度场耦合作用。值得注意的是，双定子之间的多重耦合作用也会极大程度地影响系统的可靠性。虽然基于新型绕组结构和永磁体并联的解耦方法已经在双定子永磁电机的研究中取得了良好的应用效果，但是两层双凸极结构、最小磁阻特性的工作原理和特殊的功率变换器拓扑使上述解耦策略无法适用于 DS-SRM 系统。同时，不同耦合的解耦策略会相互影响。例如，功率解耦会直接影响温度场耦合程度，加剧热应力分布的不平衡，因此需要探索多重解耦策略。

由于缺乏反映磁场耦合、功率耦合和温度场耦合的 DS-SRM 系统可靠性评估模型，现有的解耦策略均是定性提高系统可靠性，而无法定量说明可靠性提高效果，进而无法从可靠性角度优选解耦策略，实现可靠性提高效果的最大化。同时由于多重耦合作用的影响，双定子之间存在着更加复杂的可靠性逻辑关系，极大程度地增加了可靠性建模的难度，因此现有的可靠性建模方法均是针对常规单定子电机。

综上所述，如何解决磁场耦合、功率耦合和温度场耦合影响下 DS-SRM 系统可靠性评估与提高方法中存在的科学问题，确立多重解耦与可靠性定量评估相结合的可靠性提高策略实施标准，确保系统可靠性的有效提高，是现有可靠性应用进一步研究的难点。

参 考 文 献

［1］ 中国汽车技术研究中心有限公司. 2018 节能与新能源汽车发展报告［M］.北京：人民邮电出版社,2018.

［2］ 博格丹·M.维拉穆夫斯基,J.大卫·欧文.电气工程手册：电力电子·电机驱动［M］.翟丽,译.北京：机械工业出版社,2019.

［3］ EMADI A,LEE Y J,RAJASHEKARA K. Power electronics and motor drives in electric,hybrid electric,and plug-in hybrid electric vehicles［J］. IEEE transactions on industrial electronics,2008,55(6):2237-2245.

［4］ VILLANI M,TURSINI M,FABRI G,et al. High reliability permanent magnet brushless motor drive for aircraft application［J］. IEEE transactions on industrial electronics,2012,59(5):2073-2081.

［5］ BARROS T A D S,NETO P J D S,FILHO P S N,et al. An approach for switched reluctance generator in a wind generation system with a wide range of operation speed［J］. IEEE transactions on power electronics,2017, 32(11):8277-8292.

［6］ FARADJIZADEH F,TAVAKOLI R,AFJEI E S. Accumulator capacitor converter for a switched reluctance generator［J］. IEEE transactions on power electronics,2018,33(1):501-512.

［7］ SIKDER C,HUSAIN I,SOZER Y. Switched reluctance generator control for optimal power generation with current regulation［J］. IEEE transactions on industry applications,2014,50(1):307-316.

［8］ NARLA S,SOZER Y,HUSAIN I. Switched reluctance generator controls for optimal power generation and battery charging［J］. IEEE transactions on industry applications,2012,48(5):1452-1459.

［9］ KIYOTA K,KAKISHIMA T,CHIBA A. Comparison of test result and design stage prediction of switched reluctance motor competitive with 60 kW rare-earth PM motor［J］. IEEE transactions on industrial electronics, 2014,61(10):5712-5721.

[10] KIYOTA K,CHIBA A. Design of switched reluctance motor competitive to 60 kW IPMSM in third-generation hybrid electric vehicle[J]. IEEE transactions on industry applications,2012,48(6):2303-2309.

[11] MAHARJAN L,BOSTANCI E,WANG S L,et al. Comprehensive report on design and development of a 100 kW DSSRM[J]. IEEE transactions on transportation electrification,2018,4(4):835-856.

[12] ABBASIAN M,MOALLEM M,FAHIMI B. Double-stator switched reluctance machines(DSSRM):fundamentals and magnetic force analysis [J]. IEEE transactions on energy conversion,2010,25(3):589-597.

[13] VALDIVIA V,TODD R,BRYAN F J,et al. Behavioral modeling of a switched reluctance generator for aircraft power systems[J]. IEEE transactions on industrial electronics,2014,61(6):2690-2699.

[14] MISHRA A K,SINGH B. Control of SRM drive for photovoltaic powered water pumping system[J]. IET electric power applications,2017,11(6): 1055-1066.

[15] LU K,RASMUSSEN P O,WATKINS S J,et al. A new low-cost hybrid switched reluctance motor for adjustable-speed pump applications[J]. IEEE transactions on industry applications,2011,47(1): 314-321.

[16] CAO W P,MECROW B C,ATKINSON G J,et al. Overview of electric motor technologies used for more electric aircraft(MEA)[J]. IEEE transactions on industrial electronics,2012,59(9):3523-3531.

[17] GOPALAKRISHNAN S,OMEKANDA A M,LEQUESNE B. Classification and remediation of electrical faults in the switched reluctance drive [J]. IEEE transactions on industry applications,2006,42(2):479-486.

[18] HU Y F,WANG T,DING W. Performance evaluation on a novel power converter with minimum number of switches for a six-phase switched reluctance motor[J]. IEEE transactions on industrial electronics,2019,66 (3):1693-1702.

[19] CAI J,DENG Z Q. Unbalanced phase inductance adaptable rotor position sensorless scheme for switched reluctance motor[J]. IEEE transactions on power electronics,2018,33(5):4285-4292.

[20] 刘卫国,宋受俊,UWE SCHÄFER. 无位置传感器开关磁阻电机初始位置检测方法[J]. 中国电机工程学报,2009,29(24):91-97.

[21] XUE X D,CHENG K W E,LIN J K,et al. Optimal control method of mo-

toring operation for SRM drives in electric vehicles[J]. IEEE transactions on vehicular technology,2010,59(3):1191-1204.

[22] SONG S J,XIA Z K,ZHANG Z H,et al. Control performance analysis and improvement of a modular power converter for three-phase SRM with Y-connected windings and neutral line[J]. IEEE transactions on industrial electronics,2016,63(10):6020-6030.

[23] PAN J F,ZOU Y,CHEUNG N,et al. On the voltage ripple reduction control of the linear switched reluctance generator for wave energy utilization [J]. IEEE transactions on power electronics,2014,29(10):5298-5307.

[24] DING W,FU H G,HU Y F. Characteristics assessment and comparative study of a segmented-stator permanent-magnet hybrid-excitation SRM drive with high-torque capability[J]. IEEE transactions on power electronics,2018,33(1):482-500.

[25] CHEN H,LU S L. Fault diagnosis digital method for power transistors in power converters of switched reluctance motors[J]. IEEE transactions on industrial electronics,2013,60(2):749-763.

[26] SINTAMAREAN N C,BLAABJERG F,WANG H,et al. Reliability oriented design tool for the new generation of grid connected PV-inverters [J]. IEEE transactions on power electronics,2015,30(5):2635-2644.

[27] BRANCATO E L. Estimation of lifetime expectancies of motors[J]. IEEE electrical insulation magazine,1992,8(3):5-13.

[28] FENG D,HE Z Y,WANG Q. A reliability assessment method for traction transformer of high-speed railway considering the load characteristics [C]//2015 IEEE Conference on Prognostics and Health Management. Austin,TX,USA. IEEE:1-7.

[29] FERREIRA F J T E,GE B M,DE ALMEIDA A T. Reliability and operation of high-efficiency induction motors[J]. IEEE transactions on industry applications,2016,52(6):4628-4637.

[30] AL BADAWI F S,ALMUHAINI M. Reliability modelling and assessment of electric motor driven systems in hydrocarbon industries[J]. IET electric power applications,2015,9(9):605-611.

[31] LI J F,CASTELLAZZI A,DAI T X,et al. Built-in reliability design of highly integrated solid-state power switches with metal bump interconnects [J]. IEEE transactions on power electronics, 2015, 30 (5):

2587-2600.

[32] 唐勇,汪波,陈明,等.高温下的 IGBT 可靠性与在线评估[J].电工技术学报,2014,29(6):17-23.

[33] MA K,CHOI U M,BLAABJERG F. Prediction and validation of wear-out reliability metrics for power semiconductor devices with mission profiles in motor drive application[J]. IEEE transactions on power electronics, 2018,33(11):9843-9853.

[34] 吴方帮.永磁同步电机剩余寿命预测方法研究[D].杭州:浙江理工大学,2018.

[35] LAI W,CHEN M Y,RAN L,et al. Low stress cycle effect in IGBT power module die-attach lifetime modeling[J]. IEEE transactions on power electronics,2016,31(9):6575-6585.

[36] ZHANG Y,WANG H,WANG Z X,et al. Impact of lifetime model selections on the reliability prediction of IGBT modules in modular multilevel converters[C]//2017 IEEE Energy Conversion Congress and Exposition. Cincinnati,OH,USA. IEEE:4202-4207.

[37] GAO B,YANG F,CHEN M Y,et al. Thermal lifetime estimation method of IGBT module considering solder fatigue damage feedback loop[J]. Microelectronics reliability,2018,82:51-61.

[38] CHOI U M,BLAABJERG F,MA K. Lifetime prediction of IGBT modules based on linear damage accumulation[C]//2017 IEEE Applied Power Electronics Conference and Exposition. Tampa,FL,USA. IEEE:2276-2281.

[39] LU Y Z,CHRISTOU A. Lifetime estimation of insulated gate bipolar transistor modules using two-step Bayesian estimation[J]. IEEE transactions on device and materials reliability,2017,17(2):414-421.

[40] ANDRESEN M,RAVEENDRAN V,BUTICCHI G,et al. Lifetime-based power routing in parallel converters for smart transformer application[J]. IEEE transactions on industrial electronics,2018,65(2):1675-1684.

[41] YANG X,LIN Z K,DING J F,et al. Lifetime prediction of IGBT modules in suspension choppers of medium/low-speed maglev train using an energy-based approach[J]. IEEE transactions on power electronics,2019,34(1):738-747.

[42] BAYERER R,HERRMANN T,LICHT T,et al. Model for power cycling lifetime of IGBT Modules - various factors influencing lifetime[C]//5th

International Conference on Integrated Power Electronics Systems. Nuremberg,Germany. VDE:1-6.

[43] LUTZ J,SCHLANGENOTTO H,SCHEUERMANN U,et al,.功率半导体器件:原理、特性和可靠性[M].卞抗,杨莺,刘静,译.北京:机械工业出版社,2013.

[44] SHIPURKAR U,LYRAKIS E,MA K,et al. Lifetime comparison of power semiconductors in three-level converters for 10 MW wind turbine systems[J]. IEEE journal of emerging and selected topics in power electronics,2018,6(3):1366-1377.

[45] VERNICA I,MA K,BLAABJERG F. Optimal derating strategy of power electronics converter for maximum wind energy production with lifetime information of power devices[J]. IEEE journal of emerging and selected topics in power electronics,2018,6(1):267-276.

[46] DE BARROS R C,BRITO E M S,RODRIGUES G G,et al. Lifetime evaluation of a multifunctional PV single-phase inverter during harmonic current compensation[J]. Microelectronics reliability,2018,88/89/90:1071-1076.

[47] GATLA R K,CHEN W,ZHU G R,et al. Lifetime estimation of modular cascaded H-bridge MLPVI for grid-connected PV systems considering mission profile[J]. Microelectronics reliability,2018,88/89/90:1051-1056.

[48] CHOI U M,MA K,BLAABJERG F. Validation of lifetime prediction of IGBT modules based on linear damage accumulation by means of superimposed power cycling tests[J]. IEEE transactions on industrial electronics,2018,65(4):3520-3529.

[49] CHOI U M,BLAABJERG F,JORGENSEN S. Study on effect of junction temperature swing duration on lifetime of transfer molded power IGBT modules [J]. IEEE transactions on power electronics,2017,32(8):6434-6443.

[50] PEDERSEN K B,PEDERSEN K. Dynamic modeling method of electro-thermo-mechanical degradation in IGBT modules[J]. IEEE transactions on power electronics,2016,31(2):975-986.

[51] ZENG G,HEROLD C,METHFESSEL T,et al. Experimental investigation of linear cumulative damage theory with power cycling test[J]. IEEE transactions on power electronics,2019,34(5):4722-4728.

[52] LAI W,CHEN M Y,RAN L,et al. Study on the lifetime characteristics of power modules under power cycling conditions[J]. IET power electron-

ics,2016,9(5):1045-1052.

[53] WANG H,BLAABJERG F. Reliability of capacitors for DC-link applications in power electronic converters-an overview[J]. IEEE transactions on industry applications,2014,50(5):3569-3578.

[54] GASPERI M L. Life prediction modeling of bus capacitors in AC variable-frequency drives[J]. IEEE transactions on industry applications,2005,41(6):1430-1435.

[55] LIU Y,HUANG M,WANG H,et al. Reliability-oriented optimization of the LC filter in a buck DC-DC converter[J]. IEEE transactions on power electronics,2017,32(8):6323-6337.

[56] SAWYER E,HOSKING T,BRUBAKER M. Advanced simulation tools used to provide high-reliability next generation film capacitors for traction drives and power electronics[C]//2011 International Conference on Electrical Machines and Systems. Beijing,China. IEEE:1-5.

[57] PEYGHAMI S,DAVARI P,WANG H,et al. The impact of topology and mission profile on the reliability of boost-type converters in PV applications[C]//2018 IEEE 19th Workshop on Control and Modeling for Power Electronics. Padua,Italy. IEEE:1-8.

[58] ZHOU D,WANG H,BLAABJERG F,et al. Degradation effect on reliability evaluation of aluminum electrolytic capacitor in backup power converter[C]//2017 IEEE 3rd International Future Energy Electronics Conference and ECCE Asia. Kaohsiung,Taiwan,China. IEEE:202-207.

[59] ZHOU D,SONG Y P,LIU Y,et al. Mission profile based reliability evaluation of capacitor banks in wind power converters[J]. IEEE transactions on power electronics,2019,34(5):4665-4677.

[60] PETRONE G,SPAGNUOLO G,TEODORESCU R,et al. Reliability issues in photovoltaic power processing systems[J]. IEEE transactions on industrial electronics,2008,55(7):2569-2580.

[61] 信月,杨中平,林飞,等. 基于参数反馈的城轨交通超级电容健康状态估算[J]. 电工技术学报,2019,34(S1):396-404.

[62] 周溆,薛赛,李剑,等. 风机中参数变化对变流器直流侧电容可靠性的影响分析[J]. 电力自动化设备,2017,37(11):22-26.

[63] FISCHER K,PELKA K,BARTSCHAT A,et al. Reliability of power converters in wind turbines:exploratory analysis of failure and operating

data from a worldwide turbine fleet[J]. IEEE transactions on power electronics,2019,34(7):6332-6344.

[64] WANG H,LISERRE M,BLAABJERG F,et al. Transitioning to physics-of-failure as a reliability driver in power electronics[J]. IEEE journal of emerging and selected topics in power electronics,2014,2(1):97-114.

[65] OH H,HAN B,MCCLUSKEY P,et al. Physics-of-failure,condition monitoring,and prognostics of insulated gate bipolar transistor modules:a review[J]. IEEE transactions on power electronics,2015,30(5):2413-2426.

[66] HIRSCHMANN D,TISSEN D,SCHRODER S,et al. Reliability prediction for inverters in hybrid electrical vehicles[J]. IEEE transactions on power electronics,2007,22(6):2511-2517.

[67] RISTOW A,BEGOVIC M,PREGELJ A,et al. Development of a methodology for improving photovoltaic inverter reliability[J]. IEEE transactions on industrial electronics,2008,55(7):2581-2592.

[68] UMARANI D,SEYEZHAI R. Investigation of reliability aspects of photovoltaic quasi Z-source inverter[C]//2018 IEEE International Conference on Power Electronics,Drives and Energy Systems. Chennai,India. IEEE:1-5.

[69] HARB S,BALOG R S. Reliability of candidate photovoltaic module-integrated-inverter (PV-MII) topologies:a usage model approach[J]. IEEE transactions on power electronics,2013,28(6):3019-3027.

[70] MCLEISH J G. Enhancing MIL-HDBK-217 reliability predictions with physics of failure methods[C]//2010 Proceedings-Annual Reliability and Maintainability Symposium (RAMS). San Jose,CA,USA. IEEE:1-6.

[71] SONG Y T,WANG B S. Quantitative evaluation for reliability of hybrid electric vehicle powertrain[C]//4th International Conference on Power Engineering,Energy and Electrical Drives. Istanbul,Turkey. IEEE:1404-1409.

[72] SONG Y T,WANG B S. Evaluation methodology and control strategies for improving reliability of HEV power electronic system[J]. IEEE transactions on vehicular technology,2014,63(8):3661-3676.

[73] DE LEÓN-ALDACO S E,CALLEJA H,AGUAYO ALQUICIRA J. Reliability and mission profiles of photovoltaic systems:a FIDES approach[J]. IEEE transactions on power electronics,2015,30(5):2578-2586.

［74］ DE LEÓN-ALDACO S E,CALLEJA H,CHAN F,et al. Effect of the mission profile on the reliability of a power converter aimed at photovoltaic applications:a case study[J]. IEEE transactions on power electronics, 2013,28(6):2998-3007.

［75］ HUANG H,MAWBY P A. A lifetime estimation technique for voltage source inverters[J]. IEEE transactions on power electronics,2013,28(8): 4113-4119.

［76］ ABDI B,RANJBAR A H,GHAREHPETIAN G B,et al. Reliability considerations for parallel performance of semiconductor switches in high-power switching power supplies[J]. IEEE transactions on industrial electronics,2009,56(6):2133-2139.

［77］ ARIFUJJAMAN M. Reliability comparison of power electronic converters for grid-connected 1.5 kW wind energy conversion system[J]. Renewable energy,2013,57:348-357.

［78］ CHAN F,CALLEJA H. Reliability estimation of three single-phase topologies in grid-connected PV systems[J]. IEEE transactions on industrial electronics,2011,58(7):2683-2689.

［79］ RANJBAR A H,ABDI B,GHAREHPETIAN G B,et al. Reliability assessment of single-stage/two-stage PFC converters[C]//2009 Compatibility and Power Electronics. Badajoz,Spain. IEEE:253-257.

［80］ 井皓,许建中,徐莹,等. 考虑子模块相关性的 MMC 可靠性分析方法[J]. 中国电机工程学报,2017,37(13):3835-3842.

［81］ XU J Y,WANG L J,LI Y,et al. A unified MMC reliability evaluation based on physics-of-failure and SM lifetime correlation[J]. International journal of electrical power & energy systems,2019,106(3):158-168.

［82］ CATELANI M,CIANI L,VENZI M. Component reliability Importance assessment on complex systems using credible improvement potential[J]. Microelectronics reliability,2016,64:113-119.

［83］ ZHOU D,WANG H,BLAABJERG F. Mission profile based system-level reliability analysis of DC/DC converters for a backup power application [J]. IEEE transactions on power electronics,2018,33(9):8030-8039.

［84］ JULIAN A,ORITI G. A comparison of redundant inverter topologies to improve voltage source inverter reliability[J]. IEEE transactions on industry applications,2007,43(5):1371-1378.

[85] TU P F,YANG S F,WANG P. Reliability- and cost-based redundancy design for modular multilevel converter[J]. IEEE transactions on industrial electronics,2019,66(3):2333-2342.

[86] SAKLY J,BENNANI-BEN ABDELGHANI A,SLAMA-BELKHODJA I,et al. Reconfigurable DC/DC converter for efficiency and reliability optimization[J]. IEEE journal of emerging and selected topics in power electronics,2017,5(3):1216-1224.

[87] XU Q W,XU Y,TU P F,et al. Systematic reliability modeling and evaluation for on-board power systems of more electric aircrafts[J]. IEEE transactions on power systems,2019,34(4):3264-3273.

[88] FRANKO C,TÜTÜNCÜ G Y. Signature based reliability analysis of repairable weighted k-out-of-n:G systems[J]. IEEE transactions on reliability,2016,65(2):843-850.

[89] YU X X,KHAMBADKONE A M. Reliability analysis and cost optimization of parallel-inverter system[J]. IEEE transactions on industrial electronics,2012,59(10):3881-3889.

[90] RICHARDEAU F,PHAM T T L. Reliability calculation of multilevel converters:theory and applications[J]. IEEE transactions on industrial electronics,2013,60(10):4225-4233.

[91] XU J Z,ZHAO P H,ZHAO C Y. Reliability analysis and redundancy configuration of MMC with hybrid submodule topologies[J]. IEEE transactions on power electronics,2016,31(4):2720-2729.

[92] XU J Z,WANG L,WU D Y,et al. Reliability modeling and redundancy design of hybrid MMC considering decoupled sub-module correlation[J]. International journal of electrical power & energy systems, 2019, 105: 690-698.

[93] RONANKI D,WILLIAMSON S S. Device loading and reliability analysis of modular multilevel converters with circulating current control and common-mode voltage injection[J]. IEEE journal of emerging and selected topics in power electronics,2019,7(3):1815-1823.

[94] ANTHONY M,ARNO R,DOWLING N,et al. Reliability analysis for power to fire pump using fault tree and RBD[J]. IEEE transactions on industry applications,2013,49(2):997-1003.

[95] 李练兵,张秀云,王志华,等. 故障树和 BAM 神经网络在光伏并网故障诊

参 考 文 献

断中的应用[J].电工技术学报,2015,30(2):248-254.

[96] WU Y,KANG J S,ZHANG Y,et al. Study of reliability and accelerated life test of electric drive system[C]//2009 IEEE 6th International Power Electronics and Motion Control Conference. Wuhan, China. IEEE: 1060-1064.

[97] 王有元,周婧婧,陈伟根.基于故障树分析的电力变压器可靠性评估方法[J].高电压技术,2009,35(3):514-520.

[98] FENG D,LIN S,YANG Q Q,et al. Reliability evaluation for traction power supply system of high-speed railway considering relay protection[J]. IEEE transactions on transportation electrification,2019,5(1):285-298.

[99] CHEN S K,HO T K,MAO B H. Reliability evaluations of railway power supplies by fault-tree analysis[J]. IET electric power applications,2007,1(2):161-172.

[100] 李彦锋.复杂系统动态故障树分析的新方法及其应用研究[D].成都:电子科技大学,2013.

[101] 熊小萍,谭建成,林湘宁.基于动态故障树的变电站通信系统可靠性分析[J].中国电机工程学报,2012,32(34):135-141.

[102] 戴志辉,王增平,焦彦军.基于动态故障树与蒙特卡罗仿真的保护系统动态可靠性评估[J].中国电机工程学报,2011,31(19):105-113.

[103] 丁明,肖遥,张晶晶,等.基于事故链及动态故障树的电网连锁故障风险评估模型[J].中国电机工程学报,2015,35(4):821-829.

[104] SAMAVATIAN V,IMAN-EINI H,AVENAS Y. Reliability assessment of multistate degraded systems:an application to power electronic systems[J]. IEEE transactions on power electronics,2020,35(4):4024-4032.

[105] IBRAHIM W,BEIU V. Using Bayesian networks to accurately calculate the reliability of complementary metal oxide semiconductor gates[J]. IEEE transactions on reliability,2011,60(3):538-549.

[106] JIANG Y,ZHANG H H,SONG X Y,et al. Bayesian-network-based reliability analysis of PLC systems[J]. IEEE transactions on industrial electronics,2013,60(11):5325-5336.

[107] 钱盈,杨建伟,姚德臣.基于GO法的高速动车组基础制动系统可靠性评估[J].电工技术学报,2015,30(S1):550-555.

[108] MOLAEI M,ORAEE H,FOTUHI-FIRUZABAD M. Markov model of drive-motor systems for reliability calculation[C]//2006 IEEE Interna-

tional Symposium on Industrial Electronics. Montreal, QC, Canada. IEEE:2286-2291.

[109] BAZZI A M,DOMINGUEZ-GARCIA A,KREIN P T. Markov reliability modeling for induction motor drives under field-oriented control[J]. IEEE transactions on power electronics,2012,27(2):534-546.

[110] LI W,CHENG M. Reliability analysis and evaluation for flux-switching permanent magnet machine[J]. IEEE transactions on industrial electronics,2019,66(3):1760-1769.

[111] 李伟,程明. 磁通切换电机的马尔科夫可靠性模型分析[J]. 电工技术学报,2018,33(19):4535-4543.

[112] DHOPLE S V,DAVOUDI A,DOMÍNGUEZ-GARCÍA A D,et al. A unified approach to reliability assessment of multiphase DC-DC converters in photovoltaic energy conversion systems[J]. IEEE transactions on power electronics,2012,27(2):739-751.

[113] AGHDAM F H,ABAPOUR M. Reliability and cost analysis of multistage boost converters connected to PV panels[J]. IEEE journal of photovoltaics,2016,6(4):981-989.

[114] PRADEEP KUMAR V V S,FERNANDES B G. A fault-tolerant single-phase grid-connected inverter topology with enhanced reliability for solar PV applications[J]. IEEE journal of emerging and selected topics in power electronics,2017,5(3):1254-1262.

[115] LIU W X,XU Y H. Reliability model of MMC-based flexible interconnection switch considering the effect of loading state uncertainty[J]. IET power electronics,2019,12(3):358-367.

[116] COLMENARES J,SADIK D P,HILBER P,et al. Reliability analysis of a high-efficiency SiC three-phase inverter[J]. IEEE journal of emerging and selected topics in power electronics,2016,4(3):996-1006.

[117] THERISTIS M,PAPAZOGLOU I A. Markovian reliability analysis of standalone photovoltaic systems incorporating repairs[J]. IEEE journal of photovoltaics,2014,4(1):414-422.

[118] GURPINAR E,YANG Y H,IANNUZZO F,et al. Reliability-driven assessment of GaN HEMTs and Si IGBTs in 3L-ANPC PV inverters[J]. IEEE journal of emerging and selected topics in power electronics,2016,4(3):956-969.

[119] 安群涛,孙醒涛,赵克,等. 容错三相四开关逆变器控制策略[J]. 中国电机
    工程学报,2010,30(3):14-20.

[120] KIM H,FALAHI M,JAHNS T M,et al. Inductor current measurement
    and regulation using a single DC link current sensor for interleaved DC-
    DC converters[J]. IEEE transactions on power electronics,2011,26(5):
    1503-1510.

[121] CHO Y,LABELLA T,LAI J S. A three-phase current reconstruction
    strategy with online current offset compensation using a single current
    sensor[J]. IEEE transactions on industrial electronics, 2012, 59(7):
    2924-2933.

[122] HA J I. Voltage injection method for three-phase current reconstruction
    in PWM inverters using a single sensor[J]. IEEE transactions on power
    electronics,2009,24(3):767-775.

[123] MA K,BLAABJERG F,LISERRE M. Thermal analysis of multilevel
    grid-side converters for 10 MW wind turbines under low-voltage ride
    through[J]. IEEE transactions on industry applications, 2013, 49(2):
    909-921.

[124] YE J,YANG K,YE H Z,et al. A fast electro-thermal model of traction
    inverters for electrified vehicles[J]. IEEE transactions on power elec-
    tronics,2017,32(5):3920-3934.

[125] SHEN Y F,CHUB A,WANG H,et al. Wear-out failure analysis of an
    impedance-source PV microinverter based on system-level electrothermal
    modeling[J]. IEEE transactions on industrial electronics, 2019, 66(5):
    3914-3927.

[126] ALIYU A M,CASTELLAZZI A. Prognostic system for power modules
    in converter systems using structure function[J]. IEEE transactions on
    power electronics,2018,33(1):595-605.

[127] MA K,HE N,LISERRE M,et al. Frequency-domain thermal modeling
    and characterization of power semiconductor devices[J]. IEEE transac-
    tions on power electronics,2016,31(10):7183-7193.

[128] CHOI U M,VERNICA I,BLAABJERG F. Effect of asymmetric layout
    of IGBT modules on reliability of motor drive inverters[J]. IEEE trans-
    actions on power electronics,2019,34(2):1765-1772.

[129] YU Y M,LEE T Y T,CHIRIAC V A. Compact thermal resistor-capaci-

tor-network approach to predicting transient junction temperatures of a power amplifier module[J]. IEEE transactions on components,packaging and manufacturing technology,2012,2(7):1172-1181.

[130] BATARD C,GINOT N,ANTONIOS J. Lumped dynamic electrothermal model of IGBT module of inverters[J]. IEEE transactions on components,packaging and manufacturing technology,2015,5(3):355-364.

[131] REICHL J,ORTIZ-RODRÍGUEZ J M,HEFNER A,et al. 3-D thermal component model for electrothermal analysis of multichip power modules with experimental validation[J]. IEEE transactions on power electronics,2015,30(6):3300-3308.

[132] BAHMAN A S,MA K,GHIMIRE P,et al. A 3-D-lumped thermal network model for long-term load profiles analysis in high-power IGBT modules[J]. IEEE journal of emerging and selected topics in power electronics,2016,4(3):1050-1063.

[133] LI J F,CASTELLAZZI A,ELEFFENDI M A,et al. A physical RC network model for electrothermal analysis of a multichip SiC power module[J]. IEEE transactions on power electronics,2018,33(3):2494-2508.

[134] HU Z,DU M X,WEI K X,et al. An adaptive thermal equivalent circuit model for estimating the junction temperature of IGBTs[J]. IEEE journal of emerging and selected topics in power electronics,2019,7(1):392-403.

[135] ZHU S,CHENG M,CAI X H. Direct coupling method for coupled field-circuit thermal model of electrical machines[J]. IEEE transactions on energy conversion,2018,33(2):473-482.

[136] BOGLIETTI A,CARPANETO E,COSSALE M,et al. Stator-winding thermal models for short-time thermal transients:definition and validation[J]. IEEE transactions on industrial electronics,2016,63(5):2713-2721.

[137] BRACIKOWSKI N,HECQUET M,BROCHET P,et al. Multiphysics modeling of a permanent magnet synchronous machine by using lumped models[J]. IEEE transactions on industrial electronics,2012,59(6):2426-2437.

[138] CHRISTEN D,STOJADINOVIC M,BIELA J. Energy efficient heat sink design:natural versus forced convection cooling[J]. IEEE transactions on power electronics,2017,32(11):8693-8704.

[139] FALCK J, ANDRESEN M, LISERRE M. Active thermal control of IG-BT power electronic converters[C]//IECON 2015-41st Annual Conference of the IEEE Industrial Electronics Society. Yokohama, Japan. IEEE:1-6.

[140] DUSMEZ S, AKIN B. An active life extension strategy for thermally aged power switches based on the pulse-width adjustment method in interleaved converters[J]. IEEE transactions on power electronics, 2016, 31(7):5149-5160.

[141] KO Y, ANDRESEN M, BUTICCHI G, et al. Power routing for cascaded H-bridge converters[J]. IEEE transactions on power electronics, 2017, 32(12):9435-9446.

[142] RAVEENDRAN V, ANDRESEN M, BUTICCHI G, et al. Thermal stress based power routing of smart transformer with CHB and DAB converters[J]. IEEE transactions on power electronics, 2020, 35(4): 4205-4215.

[143] GAO Z W, CECATI C, DING S X. A survey of fault diagnosis and fault-tolerant techniques-part Ⅰ:fault diagnosis with model-based and signal-based approaches[J]. IEEE transactions on industrial electronics, 2015, 62(6):3757-3767.

[144] GAO Z W, CECATI C, DING S X. A survey of fault diagnosis and fault-tolerant techniques-part Ⅱ:fault diagnosis with knowledge-based and hybrid/active approaches[J]. IEEE transactions on industrial electronics, 2015, 62(6):3768-3774.

[145] ESPINOZA-TREJO D R, CAMPOS-DELGADO D U, BÁRCENAS E, et al. Robust fault diagnosis scheme for open-circuit faults in voltage source inverters feeding induction motors by using non-linear proportional-integral observers[J]. IET power electronics, 2012, 5(7):1204-1216.

[146] SHI B P, ZHOU B, ZHU Y Q, et al. Open-circuit fault analysis and diagnosis for indirect matrix converter[J]. IEEE journal of emerging and selected topics in power electronics, 2018, 6(2):770-781.

[147] XIAO Y Q, FENG L G. A novel neural-network approach of analog fault diagnosis based on kernel discriminant analysis and particle swarm optimization[J]. Applied soft computing, 2012, 12(2):904-920.

[148] BOUKRA T, LEBAROUD A, CLERC G. Statistical and neural-network

approaches for the classification of induction machine faults using the ambiguity plane representation[J]. IEEE transactions on industrial electronics,2013,60(9):4034-4042.

[149] FILIPPETTI F,FRANCESCHINI G,TASSONI C,et al. Recent developments of induction motor drives fault diagnosis using AI techniques [J]. IEEE transactions on industrial electronics,2000,47(5):994-1004.

[150] HU Z X,WANG Y,GE M F,et al. Data-driven fault diagnosis method based on compressed sensing and improved multiscale network[J]. IEEE transactions on industrial electronics,2020,67(4):3216-3225.

[151] CHEN H T,JIANG B,CHEN W,et al. Data-driven detection and diagnosis of incipient faults in electrical drives of high-speed trains[J]. IEEE transactions on industrial electronics,2019,66(6):4716-4725.

[152] WANG H Y,PEI X J,WU Y H,et al. Switch fault diagnosis method for series-parallel forward DC-DC converter system[J]. IEEE transactions on industrial electronics,2019,66(6):4684-4695.

[153] JAMSHIDPOUR E,POURE P,SAADATE S. Photovoltaic systems reliability improvement by real-time FPGA-based switch failure diagnosis and fault-tolerant DC-DC converter[J]. IEEE transactions on industrial electronics,2015,62(11):7247-7255.

[154] AN Q T,SUN L Z,ZHAO K,et al. Switching function model-based fast-diagnostic method of open-switch faults in inverters without sensors[J]. IEEE transactions on power electronics,2011,26(1):119-126.

[155] EBRAHIMI B M,JAVAN ROSHTKHARI M,FAIZ J,et al. Advanced eccentricity fault recognition in permanent magnet synchronous motors using stator current signature analysis[J]. IEEE transactions on industrial electronics,2014,61(4):2041-2052.

[156] SOUALHI A,CLERC G,RAZIK H. Detection and diagnosis of faults in induction motor using an improved artificial ant clustering technique[J]. IEEE transactions on industrial electronics,2013,60(9):4053-4062.

[157] MIRAFZAL B. Survey of fault-tolerance techniques for three-phase voltage source inverters[J]. IEEE transactions on industrial electronics, 2014,61(10):5192-5202.

[158] DE ARAUJO RIBEIRO R L,JACOBINA C B,DA SILVA E R C,et al. Fault-tolerant voltage-fed PWM inverter AC motor drive systems[J].

IEEE transactions on industrial electronics,2004,51(2):439-446.

[159] NGUYEN N K,MEINGUET F,SEMAIL E,et al. Fault-tolerant opera-tion of an open-end winding five-phase PMSM drive with short-circuit inverter fault[J]. IEEE transactions on industrial electronics,2016,63 (1):595-605.

[160] LI B B,SHI S L,WANG B,et al. Fault diagnosis and tolerant control of single IGBT open-circuit failure in modular multilevel converters[J]. IEEE transactions on power electronics,2016,31(4):3165-3176.

[161] ALEENEJAD M,MAHMOUDI H,MOAMAEI P,et al. A new fault-tol-erant strategy based on a modified selective harmonic technique for three-phase multilevel converters with a single faulty cell[J]. IEEE transactions on power electronics,2016,31(4):3141-3150.

[162] YU Y F,KONSTANTINOU G,HREDZAK B,et al. Operation of casca-ded H-bridge multilevel converters for large-scale photovoltaic power plants under bridge failures[J]. IEEE transactions on industrial electron-ics,2015,62(11):7228-7236.

[163] JULIAN A L,ORITI G,BLEVINS S T. Operating standby redundant controller to improve voltage-source inverter reliability[J]. IEEE trans-actions on industry applications,2010,46(5):2008-2014.

[164] BLAABJERG F,MA K,ZHOU D. Power electronics and reliability in renewable energy systems[C]//2012 IEEE International Symposium on Industrial Electronics. Hangzhou,China. IEEE:19-30.

[165] WANG H,MA K,BLAABJERG F. Design for reliability of power elec-tronic systems[C]//IECON 2012-38th Annual Conference on IEEE In-dustrial Electronics Society. Montreal,QC,Canada. IEEE:33-44.

[166] WANG H, ZHOU D, BLAABJERG F. A reliability-oriented design method for power electronic converters[C]//2013 Twenty-Eighth An-nual IEEE Applied Power Electronics Conference and Exposition. Long Beach,CA,USA. IEEE:2921-2928.

[167] BURGOS R,CHEN G,WANG F,et al. Reliability-oriented design of three-phase power converters for aircraft applications[J]. IEEE transac-tions on aerospace and electronic systems,2012,48(2):1249-1263.

[168] CHAN F,CALLEJA H. Design strategy to optimize the reliability of grid-connected PV systems[J]. IEEE transactions on industrial electron-

ics,2009,56(11):4465-4472.

[169] DRAGICEVIC T,WHEELER P,BLAABJERG F. Artificial intelligence aided automated design for reliability of power electronic systems[J]. IEEE transactions on power electronics,2019,34(8):7161-7171.

[170] ZHANG C W,ZHANG T L,CHEN N,et al. Reliability modeling and a-nalysis for a novel design of modular converter system of wind turbines [J]. Reliability engineering & system safety,2013,111:86-94.

[171] ANDRADA P,BLANQUÉ B,MARTINEZ E,et al. Environmental and life cycle cost analysis of one switched reluctance motor drive and two inverter-fed induction motor drives[J]. IET electric power applications, 2012,6:390-398.

[172] 顾灶根,刘闯,周峰.开关磁阻电动机功率变换器性能及可靠性比较[J]. 微特电机,2012,40(1):27-30.

[173] CHEN H,YANG H,CHEN Y X,et al. Reliability assessment of the switched reluctance motor drive under single switch chopping strategy [J]. IEEE transactions on power electronics,2016,31(3):2395-2408.

[174] LI G J,MA X Y,JEWELL G W,et al. Novel modular switched reluc-tance machines for performance improvement[J]. IEEE transactions on energy conversion,2018,33(3):1255-1265.

[175] 颜建虎,冯奕.聚磁式横向磁通永磁盘式风力发电机设计与分析[J].中国电机工程学报,2017,37(9):2694-2701.

[176] WANG H J,LI F X. Design consideration and characteristic investigation of modular permanent magnet bearingless switched reluctance motor[J]. IEEE transactions on industrial electronics,2020,67(6):4326-4337.

[177] KRISHNAN R,MATERU P N. Design of a single-switch-per-phase converter for switched reluctance motor drives[J]. IEEE transactions on industrial electronics,1990,37(6):469-476.

[178] SHAMSI P,FAHIMI B. Single-bus star-connected switched reluctance drive [J]. IEEE transactions on power electronics,2013,28(12):5578-5587.

[179] POLLOCK C,WILLIAMS B W. Power convertor circuits for switched reluctance motors with the minimum number of switches[J]. IEE pro-ceedings B:electric power applications,1990,137(6):373-384.

[180] KRISHNAMURTHY M,EDRINGTON C S,FAHIMI B. Prediction of rotor position at standstill and rotating shaft conditions in switched re-

luctance machines[J]. IEEE transactions on power electronics,2006,21 (1):225-233.

[181] CAI J,DENG Z Q,HU R G. Position signal faults diagnosis and control for switched reluctance motor[J]. IEEE transactions on magnetics,2014, 50(9):1-11.

[182] HU K W,CHEN Y Y,LIAW C M. A reversible position sensorless controlled switched-reluctance motor drive with adaptive and intuitive commutation tunings[J]. IEEE transactions on power electronics,2015,30 (7):3781-3793.

[183] KIM J H,KIM R Y. Sensorless direct torque control using the inductance inflection point for a switched reluctance motor[J]. IEEE transactions on industrial electronics,2018,65(12):9336-9345.

[184] SHEN L,WU J H,YANG S Y. Initial position estimation in SRM using bootstrap circuit without predefined inductance parameters[J]. IEEE transactions on power electronics,2011,26(9):2449-2456.

[185] KJAER P C,GALLEGOS-LOPEZ G. Single-sensor current regulation in switched reluctance motor drives[J]. IEEE transactions on industry applications,1998,34(3):444-451.

[186] GAN C,WU J H,YANG S Y,et al. Phase current reconstruction of switched reluctance motors from DC-link current under double high-frequency pulses injection[J]. IEEE transactions on industrial electronics, 2015,62(5):3265-3276.

[187] PENG W,GYSELINCK J J C,AHN J W,et al. Minimal current sensing strategy for switched reluctance machine control with enhanced fault-detection capability[J]. IEEE transactions on industry applications,2019, 55(4):3725-3735.

[188] SUN Q G,WU J H,GAN C,et al. A multiplexed current sensors-based phase current detection scheme for multiphase SRMs[J]. IEEE transactions on industrial electronics,2019,66(9):6824-6835.

[189] CHEN H C,WANG W A,HUANG B W. Integrated driving/charging/ discharging battery-powered four-phase switched reluctance motor drive with two current sensors[J]. IEEE transactions on power electronics, 2019,34(6):5019-5022.

[190] HAN G Q,CHEN H,SHI X Q,et al. Phase current reconstruction strat-

egy for switched reluctance machines with fault-tolerant capability[J].
IET electric power applications,2017,11(3):399-411.

[191] SONG S J,XIA Z K,FANG G L,et al. Phase current reconstruction and
control of three-phase switched reluctance machine with modular power
converter using single DC-link current sensor[J]. IEEE transactions on
power electronics,2018,33(10):8637-8649.

[192] 周聪,刘闯,王凯,等.用于开关磁阻电机驱动系统的新型单电阻电流采样
技术[J].电工技术学报,2017,32(5):55-61.

[193] CHEN H,LV S,WANG Q L. Temperature distribution analysis of a
switched reluctance linear launcher[J]. IEEE transactions on plasma sci-
ence,2013,41(5):1117-1122.

[194] ARBAB N,WANG W,LIN C J,et al. Thermal modeling and analysis of
a double-stator switched reluctance motor[J]. IEEE transactions on en-
ergy conversion,2015,30(3):1209-1217.

[195] CHEN H,XU Y,IU H H C. Analysis of temperature distribution in
power converter for switched reluctance motor drive[J]. IEEE transac-
tions on magnetics,2012,48(2):991-994.

[196] CHEN H,XU Y. Electromagnetic field analysis coupled model of fluid-
structure-thermal simulation of power converter for switched reluctance
machine[J]. IEEE transactions on applied superconductivity,2016,26
(4):1-6.

[197] XU Y,CHEN H,HU Z T,et al. Research on heat dissipation and cooling op-
timization of a power converter in natural convection[J]. Turkish journal of e-
lectrical engineering & computer sciences,2015,23:2319-2332.

[198] WANG D H,ZHANG D X,DU X F,et al. Thermal identification,mod-
el,and experimental validation of a toroidally wound mover linear-
switched reluctance machine[J]. IEEE transactions on magnetics,2018,
54(3):1-5.

[199] 徐阳.开关磁阻电机不对称桥功率变换器热分析[D].徐州:中国矿业大
学,2015.

[200] TENCONI A,PROFUMO F,BAUER S E,et al. Temperatures evalua-
tion in an integrated motor drive for traction applications[J]. IEEE
transactions on industrial electronics,2008,55(10):3619-3626.

[201] AMORÓS J G,ANDRADA P,BLANQUE B,et al. Influence of design

parameters in the optimization of linear switched reluctance motor under thermal constraints [J]. IEEE transactions on industrial electronics, 2018,65(2):1875-1883.

[202] SONG S J,ZHANG M,GE L F,et al. Multi-objective optimal design of switched reluctance linear launcher[J]. 2014 17th international symposium on electromagnetic launch technology,2014:1-6.

[203] BELFORE L A,ARKADAN A. A methodology for characterizing fault tolerant switched reluctance motors using neurogenetically derived models[J]. IEEE transactions on energy conversion,2002,17(3):380-384.

[204] RO H S,KIM D H,JEONG H G,et al. Tolerant control for power transistor faults in switched reluctance motor drives[J]. IEEE transactions on industry applications,2015,51(4):3187-3197.

[205] 卢胜利,陈昊,昝小舒. 开关磁阻电机功率变换器的故障诊断与容错策略 [J]. 电工技术学报,2009,24(11):199-206.

[206] LEE K J,PARK N J,KIM K H,et al. Simple fault detection and tolerant scheme in VSI-fed switched reluctance motor [C]//2006 37th IEEE Power Electronics Specialists Conference. Jeju,Korea. IEEE:1-6.

[207] MIR S,ISLAM M S,SEBASTIAN T,et al. Fault-tolerant switched reluctance motor drive using adaptive fuzzy logic controller [J]. IEEE transactions on power electronics,2004,19(2):289-295.

[208] SAWATA T,KJAER P C,COSSAR C,et al. Fault-tolerant operation of single-phase SR generators[J]. IEEE transactions on industry applications,1999,35(4):774-781.

[209] HENNEN M D,NIESSEN M,HEYERS C,et al. Development and control of an integrated and distributed inverter for a fault tolerant five-phase switched reluctance traction drive[J]. IEEE transactions on power electronics,2012,27(2):547-554.

[210] SONG S J,ZHANG M,GE L F. A new fast method for obtaining flux-linkage characteristics of SRM[J]. IEEE transactions on industrial electronics,2015,62(7):4105-4117.

[211] GAMEIRO N S,MARQUES CARDOSO A J. A new method for power converter fault diagnosis in SRM drives[J]. IEEE transactions on industry applications,2012,48(2):653-662.

[212] MARQUES J F,ESTIMA J O,GAMEIRO N S,et al. A new diagnostic

technique for real-time diagnosis of power converter faults in switched reluctance motor drives[J]. IEEE transactions on industry applications, 2014,50(3):1854-1860.

[213] CAI W,YI F. An integrated multiport power converter with small capacitance requirement for switched reluctance motor drive[J]. IEEE transactions on power electronics,2016,31(4):3016-3026.

[214] NEUHAUS C R,FUENGWARODSAKUL N H,DE DONCKER R W. Control scheme for switched reluctance drives with minimized DC-link capacitance[J]. IEEE transactions on power electronics, 2008, 23 (5): 2557-2564.

[215] YI F,CAI W. A quasi-Z-source integrated multiport power converter as switched reluctance motor drives for capacitance reduction and wide-speed-range operation[J]. IEEE transactions on power electronics,2016, 31(11):7661-7676.